CETC 云计算技术与应用专业校企合作系列教材

软件定义网络（SDN）技术与实践

主　编　谢兆贤　曲文尧

副主编　庞继红　邹奇龙

　　　　胡亚荣

主　审　杨　忠　刘洪武

高等教育出版社·北京

内容提要

本书较为全面地介绍了目前常见云计算网络架构内软件定义网络与各组件之间的关系，以及在网络环境下建置与发展路由器等基础网络工作。全书分为 SDN 概述、SDN 实验环境和交换机配置、SDN OpenFlow 规范、Ryu 控制器与 OpenDaylight、软件下载与安装、SDN 基础操作与应用实验、SDN 进阶操作与应用实验七个章节。

本书第一章到第四章，需要完成基本知识的认识，为完成任务实训打好基本。第五章到第七章，需要完成多个任务实训，了解任务实训的具体操作及运行的脚本。全书力求做到基础知识介绍具有针对性、任务实训操作具体化。各章节的最后，提供该章节的重点练习，以方便读者复习。

本书可以作为高职高专院校云计算技术与应用专业和计算机网络技术专业的专业核心课程以及计算机相关专业的云计算选修课程的教材，也可以作为云计算基础入门的培训教材，并适合云计算运维、云计算销售技术支持等专业人员和广大计算机爱好者自学使用。

图书在版编目（ＣＩＰ）数据

软件定义网络（SDN）技术与实践／谢兆贤，曲文尧主编. -- 北京：高等教育出版社，2017.10
ISBN 978-7-04-048509-7

Ⅰ. ①软… Ⅱ. ①谢… ②曲… Ⅲ. ①计算机网络-研究 Ⅳ. ①TP393

中国版本图书馆CIP数据核字（2017）第219064号

策划编辑	许兴瑜	责任编辑	张值胜	封面设计	姜　磊	版式设计	王艳红
插图绘制	杜晓丹	责任校对	王　雨	责任印制	尤　静		

出版发行	高等教育出版社	网　　址	http://www.hep.edu.cn
社　　址	北京市西城区德外大街4号		http://www.hep.com.cn
邮政编码	100120	网上订购	http://www.hepmall.com.cn
印　　刷	涿州市星河印刷有限公司		http://www.hepmall.com
开　　本	787mm×1092mm　1/16		http://www.hepmall.cn
印　　张	13.25		
字　　数	320 千字	版　　次	2017 年 10 月第 1 版
购书热线	010-58581118	印　　次	2017 年 10 月第 1 次印刷
咨询电话	400-810-0598	定　　价	29.50 元

本书如有缺页、倒页、脱页等质量问题，请到所购图书销售部门联系调换
版权所有　侵权必究
物 料 号　48509-00

▌▌▌ 前言

云计算实现了信息技术能力的按需供给、随时更新信息技术内容、充分利用数据资源的全新业态,是信息化发展的重大变革和必然趋势。云计算的发展,有利于分享信息知识与资源、降低全社会的创新成本、培育新产业和新消费热点。如今,云计算技术已经成为信息技术应用服务平台,包含云存储技术、大数据分析技术和互联网＋技术等,对信息技术的发展有显著的平台支撑作用。

为了适应高职院校对云计算技术专业教学的需求,在"云计算技术与应用专业教材编审委员会"的组织和指导下,将陆续推出系列专业教材,本书就是在此背景下,由温州大学、曲阜远东职业技术学院和南京第五十五所共同编写,本书是校企产教融合后的实践产物。

一般来说,目前公认的云计算架构自上而下有软件级服务(SaaS)、平台级服务(PaaS)、基础设施级服务(IaaS)三层。基础设施级服务层里面包含计算设备、存储与网络等功能。这些功能又各自具备超高的计算性能、海量的数据存储、网络通信能力和即时扩展能力。其中,网络能力里面又分为传统硬件的网络与软件定义的网络。本书是针对高职高专院校云计算专业或相关专业的云计算架构搭建与应用而写作的,本书以由浅入深的方式,从外在系统硬件与软件的安装,进入各类实训的开发,最后整合各个实训,使读者对知识的了解和对实际操作的理解都有深入的认识。全书每一章节都附有练习,针对该章节重要内容做复习,前四个章节为基础知识的介绍,为完成操作任务打好基础能力,后三个章节则专注于具体操作及运行脚本的说明。全书力求做到基本知识介绍具有针对性与渐进性,实训操作目标具体化与整合性。

本书的参考学时为 64 学时,建议采用理论实践一体化教学模式,各章节的参考学时见下面的学时分配表。

学时分配表

章节	课程内容	学时
第 1 章	SDN 概述	4
第 2 章	SDN 实验环境和交换机配置	4
第 3 章	SDN OpenFlow 规范	6
第 4 章	Ryu 控制器与 OpenDaylight	6
第 5 章	软件下载与安装	8
第 6 章	SDN 基础操作与应用实验	10
第 7 章	SDN 进阶操作与应用实验	24
	课程考评	2
课时总计		64

　　本书由谢兆贤、曲文尧任主编,庞记红、邹奇龙、胡亚荣任副主编,杨忠、刘洪武任主审。南京第五十五所的工程师参与了本书的案例设计和案例测试,在此一并表示衷心地感谢。

　　由于搭建环境的复杂性,书中疏漏和不足之处在所难免,殷切希望广大读者批评指正。同时,恳请读者一旦发现错误,于百忙之中及时与编者联系,以便尽快更正,编者将不胜感激,编者邮箱E-mail:george_hsieh@qq.com。

编　者

2017 年 8 月

▌▌▌目录

I

第 1 章　SDN 概述

　　本章首先介绍 SDN 的概念,然后阐述 SDN 历史,即列出一些早期的可程序化网络,最后讨论 SDN 应用案例。本章讲解 SDN 的重要性及其与其他系统的关联性,以及 SDN 一词的由来与演进,使读者明白其发展过程。目前,SDN 在实际工作中已有一些应用,未来仍将继续发展新的应用。通过学习本章知识,需要掌握以下几个知识点。

1. SDN 与网络系统的关系。
2. SDN 的特征。
3. 集中式应用和可程序化网络的关联。
4. SDN 与 NFV 之间的区别。
5. 开源创新、软件定义网络和网络功能虚拟化的关系。
6. OpenFlow 在 SDN 中的技术轨迹。
7. SDN 技术的优点。
8. SDN 应用领域。

1.1 SDN 介绍

计算机网络由大量的网络装置所建立,例如,路由器、分享器和多种中介层(如防火墙),其中可以同时并存许多复杂的通信协议。网络操作人员负责设置策略以呈现网络事件的范围和应用。网络必须以人工方式传送高阶策略到低阶设定命令,当网络条件发生变化时,网络内部经常需要完成复杂的通信协议工作来存取网络管理的工具。因此,网络的管理和效能就变得相对重要了。

在这样的背景下,可程序化网络的想法被提出并作为网络发展的新希望。然而,软件定义网络的出现,俨然成为一个新的范畴,软件定义网络的硬件包含分离的控制端和数据端,以保证简易化网络管理及激活创新和成长。其主要思想是允许软件开发人员很容易地使用相同的网络资源进行操作,将软件定义网络的硬件作为储存和计算的资源。

软件定义网络属于智能化网络,以软件方式集中管理控制器(控制平面)和网络装置,简单地将封包转向数据装置(数据平面),这个数据平面可以经由开放式接口做程序化的动作。目前软件定义网络已经引起校园和工业界广泛地注意,结合网络操作群组、服务提供商和消费者方等团体的共识,共同建立一个开放式网络基金会(Open Network Foundation)。它是一个工业驱动组织,主要加强软件定义网络和标准化 OpenFlow 的通信协议(Protocol)。在校园的应用上,OpenFlow 网络科研中心(Research Center)主要专注于软件定义网络的研究,它们所建立的标准,影响 IETF、IRTF 和其他标准生产组织对软件定义网络的定义。尽管软件定义网络是如此地被注意,但是在科研领域上仍有一些重要的项目,尚待大家的关注与发掘。

简要来看,SDN 是网络控制系统的延展,允许不同的应用经由所定义的 API 控制网络硬件的数据平面,可以有效地以集中式认证方式通过网络智能推动网络装置和设置地点。图 1-1-1所示为一个简单的传统网络图,传统网络中的每个装置均包含控制平面和数据平面。同时,每个装置都有应用在其上运行,并且每个装置必须被分别设置。在这个案例中,每个交换机/路由器都有应用在上面运行,同时,每个应用都必须可以独自运行。应用程序可以用于侦测、监测和负

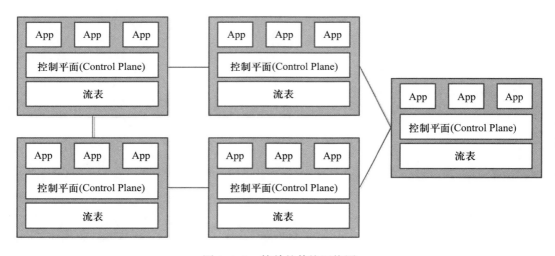

图 1-1-1　简单的传统网络图

载均衡。当流量经由网络时,每个交换机/路由器做决策处理路由封包。在此网络中,任何改变应用或流量的操作都必须系统地在每一个交换机/路由器上修改程序。

　　图 1-1-2 所示为控制器的应用接口和服务图,可以看出 SDN 所有的应用都从交换机/路由器上移除。这里 SDN 的集中式控制器被用来程序化整体网络的流量,控制器的应用接口和服务都可以根据需要增减与修改。中央控制替代控制平面来控制所有装置使网络可程序化。控制器上的应用接口和经由网络应用它们的功能。流量是在中央控制的监督下分配和管理每一个交换机/路由器的流表。流表由一些因子组成,可以弹性地定义。流表也能收集统计的信息,从信息中找出问题并立即回馈给控制器,以便改善网络的控制方式,同时可以立即调整整个网络。

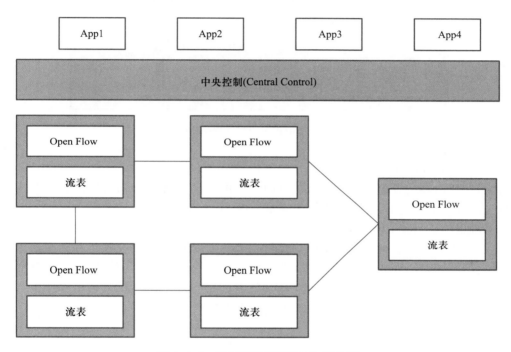

图 1-1-2　控制器的应用接口和服务图

1. SDN 的逻辑观点

　　图 1-1-3 所示为集中式应用和可程序化网络图,可以看出 SDN 使网络具有更好的弹性和更快的反应速度。由于 SDN 的应用程序并不是放置于真正的装置内,反之,它是经由控制器的接口,整个网络看起来就像是一个大的交换机/路由器,类似集中式应用,所以,它可以很容易地进行升级、改变、新增和设定等操作。

　　针对图 1-1-3 内部显示层级的说明有以下 3 点。

　　(1)应用层(Application Layer)

　　此层包含网络应用,如 VoIP 的沟通应用、防火墙的安全应用和网络服务等。传统网络的应用都是由交换机和路由器所处理的。SDN 允许卸除(Offload)处理,让它们更容易管理,即脱离硬件来管理,可为公司节省许多成本和网络设备。

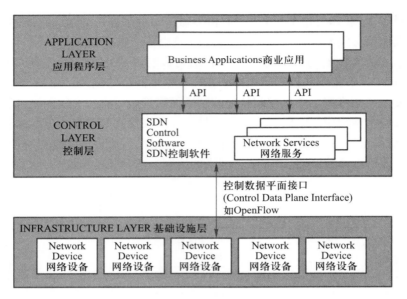

图 1-1-3　集中式应用和可程序化网络图

（2）控制层（Control Layer）

交换机和路由器的控制平面集中式处理时允许可程序化网络。OpenFlow 是一个开放源码网络通信协议，在工业应用上已经有网络供货商，如思科（Cisco）。

（3）基础设施层（Infrastructure Layer）

此层有物理交换机、路由器和数据。此层在 SDN 中被更改，因为交换机和路由器仍会移动封包。最大的不同是流表规定是以集中式管理的。这并不是说要剔除传统的供货商设备，事实上，许多大型网络提供容纳 SDN 经由 API 达到集中式的控制。也就是说，它可能使用一般封包转发装置，相比传统网络设备，SDN 会以较低的成本来建置完成。

2. SDN 与 NFV 之间的区别

软件定义网络（Software Defined Network，SDN）是 Emulex 网络的一种新型网络创新架构，是网络虚拟化的一种实现方式，其核心技术 OpenFlow 通过将网络设备控制平面与数据面分离开来，从而实现了网络流量的控制，使网络作为管道变得更加智能。

基本上说，软件定义网络是以网络来制定硬件。传统 IT 架构中的网络，根据业务需求部署上线以后，如果业务需求发生变动，重新修改相应的网络设备（路由器、交换机和防火墙）上的配置是一件非常烦琐的事情。网络的高稳定与高性能还不足以满足业务需求，灵活性和敏捷性反而更为关键。SDN 所做的事是将网络设备上的控制权分离出来，由集中的控制器管理，无须依赖底层网络设备（路由器、交换机和防火墙），屏蔽了来自底层网络设备的差异。而控制权是完全开放的，用户可以自定义任何想实现的网络路由和传输规则策略，从而更加灵活和智能。

SDN 改造后，无须对网络中每个结点的路由器反复进行配置，网络中的设备本身就是自动化连通的，只需在使用时定义好简单的网络规则即可。如果不喜欢路由器自身内置的协议，可以通过编程的方式对其进行修改，以实现更好的数据交换性能。因为这种开放的特性，使得网络作为"管道"的发展空间变得具有无限可能。如果未来云计算的业务应用模型可以简化为"云——管——端",那么 SDN 就是"管"这一环的重要技术支撑。

NFV 的定义是网络功能虚拟化(Network Function Virtualization),通过使用 x86 等硬件及虚拟化技术来承载很多功能的软件处理,进而降低网络的设备成本。此外,NFV 可以通过软硬件分离与抽象功能,使网络设备功能不再依赖于专用硬件,使资源可以充分共享与应用,实现新业务的快速开发和部署,并基于实际需求进行自动部署、弹性伸缩和故障隔离等。

可以通过标准的 x86 服务器、存储和交换设备,来取代通信网内私有专用的网络设备。其优点是,一方面,基于 x86 标准的 IT 设备成本低,能够替运营商节省投资的成本;另一方面,开放的 API 接口能够帮助运营商获得更多、更弹性的网络能力。大多数运营商都有网络功能虚拟化(NFV)项目,它们的项目基于通过开放计算项目(OCP)开发的技术。

NFV 还具有服务器虚拟化托管网络服务虚拟设备,能够尽可能高效地实现网络服务的高性能,还能对 SDN 网络流量转发进行编程控制,以所需的可用性和可扩展性等属性无缝交付网络服务。NFV 可以通过云管理技术配置网络服务虚拟设备,并操控 SDN 来编排与这些设备的连接,从而通过操控服务本身实现网络服务的功能。

综上所述,SDN 与 NFV 之间的区别是,SDN 可以更好地增加网络的稳定性,提高网络性能,能弹性设置网络的设备配置,进而提高网络的自由度和开放性,以实现更好的数据交换性能和网络控制管理,使得网络通道更加智能化、人性化;NFV 能更好地应用于服务器、存储和交换设备,服务器设备成本低,能节省许多投资成本。

开放的 API 接口可以通过软硬件分离与抽象功能,使网络设备功能不再依赖于专用硬件,使资源可以充分共享与应用,实现新业务的快速开发和部署,并基于实际需求进行自动部署、弹性伸缩和故障隔离等。

SDN 将网络功能和业务处理抽象化,并且通过外置控制器来控制这些抽象化的对象。

NFV 通过使用 x86 等通用性硬件及虚拟化技术,来承载很多功能的软件处理,其典型应用是一些 CPU 密集型功能且对网络吞吐量要求不高的情形,更适用于服务器运营、控制和供应商。

NFV 与 SDN 之间具有很强的互补性,但是并不相互依赖(反之,若不具互补性,也不会相互依赖),NFV 可以不依赖于 SDN 部署,尽管两个概念和解决方案可以融合,并且可以潜在形成更大的价值。表 1-1-1 所示为 SDN 与 NFV 分类对照表,从产生原因、目标位置、目标设备、初始化应用、新的协议和组织单位 6 方面进行讨论。

表 1-1-1　SDN 与 NFV 分类对照表

分类	SDN	NFV
产生原因	利用分离控制平面和数据平面的硬件架构从事中央控制"可编程序设计网络"	从专有硬件到普遍硬件过渡重新定位网络功能
目标位置	园区网,数据中心	营运商网络
目标设备	商用服务器和交换机	商用服务器和交换机
初始化应用	云协调器和网络	路由器、防火墙和网关
新的协议	OpenFlow	尚无
组织单位	Open Networking Forum(ONF)	ETSI NFV Working Group

3. 开源创新、软件定义网络和网络功能虚拟化

图 1-1-4 所示为开源创新、软件定义网络和网络功能虚拟化的关系图,其中开源创新是由协办商所建立的创新应用并且在供应上具有其竞争性;软件定义网络的目的是建立网络抽象层,启动快速创新;网络功能虚拟化的目的是降低 CAPEX(资本性支出)、OPEX(运营支出)空间和电源的消耗。

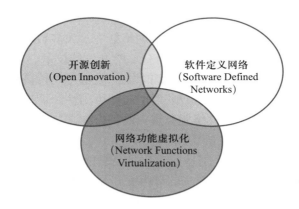

图 1-1-4　开源创新、软件定义网络和网络功能虚拟化关系图

1.2　SDN 历史

这里,SDN 历史指的是早期可程序化网络。由于 SDN 有很大的潜力能改变网络操作的方式,所以 OpenFlow 已经被标明为网络的一个“全新的想法”。其优点有集中式管理、简单的算法、便利的网络硬件、无中间层,以及能被第三方设计和实现“apps”。

OpenFlow 被工业界所接受,它指明可程序化网络的想法和分离控制的逻辑是可以被落实的。下面展示早期的可程序化网络,其作为目前 SDN 典范的先驱者,阐释了许多想法,最终成为今天看到的 SDN 基础。

1. 开放信令(Open Signaling)

开放式讯号(OPENSIG)工作组成员相信,藉由沟通硬件和控制软件的分离将会很需要,但是在落实上还是有些挑战性。主要乃是需要整合交换机(switch)和路由器(router),然而,想要自然地快速实现新网络服务和环境,仍是不可能的事情。此类核心的概念是经由可程序化网络接口允许任意存取网络硬件。所以,藉由一个分布式程序环境来发展新型服务。这是 IETF 工作组成员所提出的想法,以便建立一般交换机管理通信协议(General Switch Management Protocol)。一个一般目的的通信协议能够控制一个卷标交换机,GSMP 允许一个控制器建立并且经由交换机释放连结来存取交换机的内容,可以多重播送(multicast)连结、加入和删除的功能,管理交换机接口,要求设定信息,要求和删除所保留的交换机资源和实际需求的统计。工作组正式的总结

和最终标准报告——GSMPv 3 于 2002 年 6 月发表。

2. 主动式网络（Active Networking）

早在 20 世纪 90 年代中期,主动式网络首先提出网络架构可程序化和客制化服务的想法。主要有下列两个方法。

① 用户的可程序化交换机。带内（Inband）数据转换和带外（Outband）管理管道。

② 胶囊式处理。用户信息能以程序片段（Program Fragment）方式携带,程序片段能够被路由器中断或运行。在工业的应用中,尚未能够聚集大量数据并且广泛传送,主要考虑其安全和效能。

3. ATM 网络的移交控制（Devolved Control of ATM Networks,DCAN）

在 20 世纪 90 年代中期,ATM 网络的移交控制率先发展所需要的架构,具有可延展性控制和 ATM 网络的管理功能。其前提是许多装置的控制和管理函数（如 DCAN 的 ATM 交换机）应该被抽离自装置本身和代表外部实体以展示其目的,也就是 SDN 的基本概念。DCAN 宣称自己是最精简的通信协议,介于管理者和网络之间,正如今日所提出的 OpenFlow。SDN 的控制和数据平台能用于 ATM 网络,甚至多个异质性控制架构能够同时运行在单一实体 ATM 网络,并在不同的控制器下划分交换机的资源。

4. 4D 项目

4D 项目开始于 2004 年,提倡简洁的平板设计,它强调路由决策逻辑和通信协议治理网络组件之间互动性的不同。它提出一个“决策”平台,具有网络全局的观点,具有“传播”和“发现”平台的服务。“数据”平台控制处理交易过程。这些想法直接提供 NOX 灵感,NOX 提出具有网络特性的操作系统能够让 OpenFlow 激活网络的情况下运行。

5. NETCONF

NETCONF 在 2006 年被 IETF 网络设置工作组所提出,作为管理通信协议来修改网络装置的设定。该通信协议允许网络装置,并且提供一个 API,它可以传送和接收所延展的设置数据。

SNMP（简单网络管理协议）是另一种管理通信协议,在过去得到广范应用直到今日。SNMP 出现于 20 世纪 80 年代后期,它提供非常受欢迎的网络管理通信协议,以结构化管理接口（Structured Management Interface,SMI）来取得数据,包含管理信息基础（Management Information Base,MIB）。SNMP 主要为了修改配置的设置而被用来管理信息的变量。显然地,无论当初使用的动机为何,SNMP 将不会被用来配置网络环境,但可以作为一个效能和容错的监视工具。然而,SNMP 的使用上仍有多个缺点,大多数都是安全上的缺失。

IETF 提出 NETCONF 的概念,它已经成为许多新的网络管理做法,改善了 SNMP 的缺点。尽管 NETCONF 通信协议完成简单的装置配置并且达到管理组件的目的,它仍然没有数据平面和控制平面的分别。唯一相同的是,它能够被 SNMP 所陈述。NETCONF 的网络不应该被视为完全地可程序化,如同任何新的功能一样,能够在网络装置和管理者同时被实现。主要设计用于自动配置和不启动直接控制等方式。所谓的「不启动直接控制」是指不启动快速创意服务和应用。虽然,NETCONF 和 SNMP 两者都是有效的管理工具,它们也适用于并行异质交换机来支持其他的方案,也能够用于可程序化网络。

　　NETCONF 工作组目前仍存在,其最后提出的标准已经于 2011 年 6 月出版。

6. Ethane

　　OpenFlow 的前身属于 SANE / Ethane 的项目,2006 年定义给企业网络的新型架构。Ethane 在网络上使用集中式控制器的策略与安全管理,例如:提供以身份 ID 与密码为基础的访问控制。 OpenFlow 类似于 SDN 与 Ethane 两个的组合,一个控制器(controller)来决定是否指派一个封包。然而,Ethane 交换机内的控制器可控制一个流表(flow table)和一个安全管道。所以,Ethane 变为软件定义网络(Software-Defined Networking)的基础,作为今日 SDN 范例的背景技术,它被实现作为 SDN 控制器的顶层应用,具有访问控制的功能。相关应用有,NOX、Maestro、Beacon、 SNAC 和 Helios 等。

1.3　SDN 应用案例

　　为了进一步了解 SDN 的优点,让网络环境更加有效和方便操作,需要改善应用软件递送方式、实时提供使用方式和网络提供方式三个方面。其中所包含的技术优点如下。

　　① 简化设定和提供联结。
　　② 携带式网络的灵活性,增加应用和服务布署的速度。
　　③ 允许每个动线(Traffic Flow)和服务同时在流量工程(Traffic Engineering)。
　　④ 增加应用效能和使用者经验。
　　⑤ 支持动态移动、复制和虚拟资源分配。
　　⑥ 建立虚拟以太网桥网络时,不需要复杂和受限的 VLans。
　　⑦ 使应用在网络上能够符合动态需求服务。
　　⑧ 使中央编排为应用软件递送提供使用方式。
　　⑨ 减少资本支出(Capital Expenditure)使用白盒交换器(White-Box Switches)。
　　⑩ 在软件开发生命周期下更快地布署网络应用和功能。
　　⑪ 更容易实现服务质量(QoS)。
　　⑫ 在每个动线和服务实现更有效的安全功能。

　　尽管 SDN 有如此多的优点,但其仍有一些不足之处。SDN 的使用案例可以为我们提供应用上的参考,然而,在两个常见并且通用于 SDN 的使用案例,数据中心网络和以太网桥于行动虚拟机内(VMs)。有许多其他的应用也使用此技术,说明如下。

　　(1) 数据中心优化

　　此模式使用以太扩展和覆盖方式来改善应用效能,提供一个方法给 VM 迁移时所需要的侦测和考虑动线的个别服务。SDN 允许编排网络设定和应用动态调整的工作量。

　　(2) 网络访问控制

　　此使用案例的形态经常部属在校园网络和企业运行于"自己装置自己携带"(Bring Your Own Device,BYOD)的网络,因为它能被用来设定一定的特权给用户或装置存取网络。网络访问控制(Network Access Control,NAC)也有管理访问控制的限制、服务链和控制 QoS。

（3）网络虚拟化

这是云和服务提供商（SaaS）模式在物理网络上所建立的抽线虚拟网络。此模式的目标是支持大量多租户（Multitenant）网络经由物理网络进行访问。网络虚拟化能够跨越多个工作架（Rack）或甚至在不同位置的数据中心。

（4）动态内部连接

这是软件定义 WAN（SDW），它在不同的设备位置之间建立动态连接，介于数据中心（DCs）和其他企业位置。它也反应出动态地应用适当的 QoS 和宽带配置的链接。

SDN 的优点不限于真实网络。SDN 提供全部 host 端可能用于解决商业问题，从产品开发到销售、市场和用户满意度。所以，为了专注于商业案例的完成，将会更多地考虑网络、应用和受益者。

本章练习

1. 在 SDN 中，集中式控制器可以分成哪 3 层？简要说明其用途。
2. 简述 SDN 与 NFV 之间的区别。
3. 说明开源创新、软件定义网络和网络功能虚拟化的各自特性。
4. 本章中提到的早期可程序化网络有哪几项？
5. 试说明 SDN 的技术优点，请任举 5 个项目。

第2章 SDN 实验环境和交换机配置

 本章将说明本书使用的 SDN 实验环境和交换机配置方式,介绍 SDN 目前使用的实验环境与对交换机软硬件的需求。通过学习本章知识,需要掌握以下几个知识点。

1. OpenFlow 实验。
2. Pica8 交换机配置 OpenFlow。
3. OpenFlow 交换机与基本实验的步骤。
4. 个人计算机上需要安装的软件工具。
5. Minicom 终端模拟器的参数设置。

2.1　实验环境介绍

SDN 的实验应用环境说明如下。

① OpenFlow 实验。介绍在多种应用场景中如何配置 Pica8 交换机。这适用于初次接触 OpenFlow 协议及 OVS 实施方案的用户。

② Pica8 交换机配置 OpenFlow。实验过程使用的交换机是 Pica8,其上配置 OpenFlow,用户可以了解如何以 Pica8 交换机配置 OpenFlow,进一步学习在应用环境中优化配置 OpenFlow 的方法,具体了解 OVS 和 OpenFlow 协议的使用。

配置 OpenFlow 交换机与基本实验的步骤如下。由于篇幅的限制,以及本书的适用对象为高职生,所以会简化并且选择适当的内容加以说明。

① 将 Pica8 交换机配置为 OVS OpenFlow 交换机。

② 创建 bridge,添加 port,显示 bridge 和端口统计信息、状态及 OVS 数据库。

③ 配置单向流表、双向流表、一到多组播、镜像、过滤器和多到一聚合等。

④ 通过 OpenFlow 控制器 RYU/Opendaylight 配置 Pica8 OpenFlow 交换机的端口。

图 2-1-1 所示网络为测试平台拓扑,硬件配置如下,详细实验环境如图 2-1-1 所示。

① 一台 P-3295 交换机,有 48 个 1 GB 的接口和 4 个 10 GB 的上行接口。

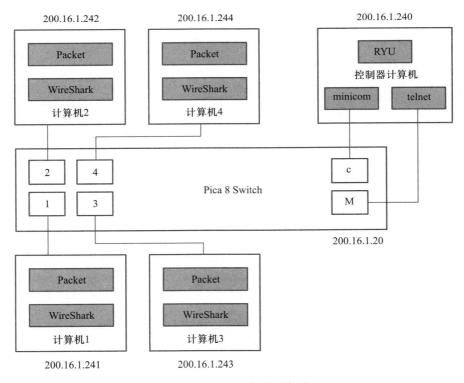

图 2-1-1　SDN 实验环境图

② 5 台个人计算机,运行 Ubuntu12.4.1 Linux 系统。其中 1 台个人计算机连接到交换机的管理口(RJ 45)和串口(RJ 45F),上面运行 OpenFlow 控制器,称为控制器计算机(Controller PC);其余 4 台个人计算机分别连接到交换机的 4 个端口上,用来监控流量或产生流量。

个人计算机上需要安装软件工具,所需系统的软件配置如下,通过 Linux 安装工具 apt-get 可完成安装。

① Ryu 软件。

② OpenFlow 软件。

③ 终端模拟器 Minicom。

④ 流量监控工具 Wireshark。

⑤ 包产生器 Packeth。

⑥ FTP 和 FTPd。

⑦ 远程终端 Telnet 和 Telnetd。

2.2 交换机配置

交换机启动之前,用网线连接交换机的控制端口和控制器计算机(Controller PC)的串口,然后在该个人计算机上运行终端模拟器 Minicom。Minicom 的配置参数如下。

① 波特率(Baut rate)115200 8N1。

② 关闭硬件流控制。

③ 关闭软件流控制。

交换机上电启动后,如果连接正常,交换机控制接口的输出将通过串口传递至 Minicom,在个人计算机屏幕上显示信息。出现启动选择菜单前不要按任何键,根据提示信息,选择 2 启动交换机的 OVS 模式。然后,交换机提示是否进入手动配置过程,输入"no"进入自动配置模式。在此模式下,OVS 将按默认配置自行启动。

根据提示信息输入交换机的静态 IP 地址,这里用的网段是 200.16.1.x。当然也可以输入自己的子网地址。接着输入一个网关地址。为了存储所有的配置信息,系统需要一个数据库配置文件,这里用的是 ovs-vswitchd.conf.db。如果此前配置中该数据库文件不存在,它就会被创建到默认路径 /ovs 目录下。这是基于 /ovs/share/openvswitch/vswitch.ovsschema 中定义的数据库架构创建的。还可以创建多个数据库来提供不同的配置,但是只能输入一个数据库到启动序列,也就是说 OVS 启动后只能加载一个数据库文件。OVS 系统在运行过程中可以手动重启或停止该 OVS 进程。配置数据库文件是固定的,存储在数据库中的配置会在 OVS 进程启动时重新加载。由于之前的配置用的是 /ovs-vswitchd.conf.db 文件,所以系统会找到这个文件并显示它的初始化配置。

然后,交换机会继续启动,注意控制台输出的 /ovsdb-server/ 和 /ovs-vswitchd/ 信息。这些是 ovsdb 的服务器和 ovs 交换机的进程。IP 地址与交换机相同,6633 是默认用来和 ovs 交换机数据库服务进程通信的端口号,可以自行手动配置不同的端口号。关于 OVS 模式的详细配置过程,可以参考文档 ovs-configuration guide.pdf。

下面将讨论 ovs-vsctl 和 ovs-ofctl 使用的 IP 地址和端口号。若交换机之前已经创建了一个

bridge br0,并为该 bridge 添加了 4 个端口,这些配置信息均被存储到数据库文件 ovs-vswitchd. conf.db 中,所以当 ovs-vswitchd 进程运行起来时,设备 br0 上的信息就会被显示。详细操作步骤如下。

① 显示运行进程。针对配置交换机操作系统,可以用 Linux 命令显示目前运行的进程内容。

```
ps -A
```

② 查看交换机的 bridge 配置信息。ovsdb-server 和 ovs-vswtichd 两个进程都运行起来时,OVS 交换机才算正常启动。使用

```
ovs-vsctl show
```

命令可以查看交换机的 bridge 配置信息。它显示出数据库的 ID 和网桥 br0 的信息,包括 4 个 1 GB 端口及网桥类型 internal。

③ 删除原来的 bridge br0。用户可以选择进入一个新的数据库文件,这时就会自行创建一个空的数据库文件。步骤 ② 的 show 命令用于查看配置的数据库 ID。

```
ovs-vsctl del-br br0
```

④ 创建新的 bridge。配置网桥 bridge 时需要创建新的 bridge 命令。

```
ovs-vsctl add-br br0 -- set bridge br0 datapath_type=pica8
```

⑤ 添加端口。添加端口到 bridge 中。这里需要添加 4 个端口。

```
ovs-vsctl add-port br0 ge-1/1/1 -- set interface ge-1/1/1 type=
pica8
```

⑥ 显示端口。可以查看自己配置的位置。这些配置都存入数据库文件,bridge 有 4 个端口和 1 个内部端口。

```
ovs-vsctl show
```

⑦ 监控端口。监控端口的状态并查看端口的配置信息。

```
ovs-ofctl show br0
```

⑧ 查看端口的统计信息。这里显示 RX 和 TX 端的统计,由于端口的链接是关闭的,所以没有端口发送和接收数据包,所有的计数器都应该是 0。

```
ovs-ofctl dump-ports br0
```

⑨ 修改端口。可以用 mod-port 命令来修改端口的状态,即 "ovs-ofctl mod-port br0 ge-1/1/1 <action>",关键字 action 的几个参数值如表 2-2-1 所示。

表 2-2-1　命令参数及说明

命令参数	说　明
up/down	启用或禁用这个端口,等同于 Linux 中的 ifconfig up/ifconfig down
stp no-stp	在端口上设定启用或者禁用 STP 协议。不支持 STP 协议的 OpenFlow 交换机将不能启用 STP
receive/no-receive, receive-stp/no-receive-stp	启用或者禁用端口上接收的数据包的 OpenFlow 处理过程,当禁用数据包处理过程时,数据包会被丢弃。 receive/no-receive 适用于除 802.1d STP 包之外的所有包。802.1d 的包用 receive-stp/no-receive-stp 命令控制
forward/no-forward	允许或禁止转发流量到该接口。默认的情况是 forward 状态
Flood/no-flood	控制 OpenFlow 的泛洪动作,即流量能否被发送到该端口。默认的值是 flood。no-flood 在没有应用 STP 协议时用来防止环路
packet-in/no-packet-in	控制端口接收到的数据包,若发现数据包不匹配流表,就会产生一个 packet-in 信息送到 OpenFlow 控制器。packet in 默认的情况是能启用的

⑩ 查看默认的流。当新创建的 bridge 没有与 OpenFlow 控制器连接时,它将会被视为一个简单的 L2 交换机工作,此时,未知单播的流量会 flood 到其他所有端口。这是因为创建 bridge 后,系统中会有一条默认的流,封包会根据这条流进行 flood。为了查看默认的流,可以使用下面的命令。发现该流的优先级为 0,动作为 NORMAL。NORMAL 意味着这个包按 L2/L3 处理,而不能按 OpenFlow 交换机处理。现在用网线连接两台个人计算机和交换机的 1、2 端口。

```
ovs-ofctl dump-flows br0
```

⑪ 检查连接状态。当两条连接都连接好以后,可以用 ping 命令检查连接状态。此时,个人计算机和交换机的端口状态会切换到 LINK_UP。由于个人计算机上已经安装了 Telnetd 和 FTPd,所以用户可以 Telnet 和 FTP 登录到交换机来查看配置。至此,就完成了 OpenFlow 交换机的启动和初始化配置。

相关 OVS 命令可以参考附录。

本章练习

1. 如何通过 Linux 安装工具 apt-get 完成所需系统的软件配置?
2. 显示运行进程内容的 Linux 命令是什么?
3. 查看交换机的 bridge 配置信息的命令是什么?
4. 删除原来的 bridge br0 的命令是什么?
5. 创建新的 bridge 的命令是什么?
6. 添加端口的命令是什么?
7. 监控端口的命令是什么?
8. 查看端口的统计信息的命令是什么?

第 3 章　SDN OpenFlow 规范

　　本章将介绍 OpenFlow 的基础知识,以及标准设计和技术上的挑战,并将讨论 SDN OpenFlow 规范。其中包括 OpenFlow 概述、OpenFlow 的简介与特性,以及 OpenFlow 通信协议。本章还介绍一些函式库,包括 ofproto 函式库,以及此函式库在 OpenFlow 中扮演的角色、使用与用途;封包函式库,提供 Ryu 封包函式库给应用程序使用;OF-Config 函式库,介绍 Ryu 内建的 OF-Config 客户端函式库。任何事情都有其优缺点,OpenFlow 也存在潜在危机,在本章最后讨论 OpenFlow 的缺点,以作为未来改进的方向。通过学习本章知识,需要掌握以下几个知识点。

1. OpenFlow 的概念。
2. OpenFlow 的 Match 指令。
3. OpenFlow Match 指令的相关动作。
4. Ryu ofproto 函式库。
5. Ryu 封包函式库。
6. OF-Config 函式库。
7. OpenFlow 的安全性。

3.1　OpenFlow 概述

OpenFlow 是 SDN 早期实现方案之一。SDN 架构提供一组应用编程接口（Application Programming Interface，API），不仅提供便利的网络服务，在逻辑意义上，SDN 的网络智能还被聚集到软件控制器内，网络设备只作为单纯的数据包转发的设备，经由编程接口进行编程。OpenFlow 便是其中一个实现开放编程接口的早期方案。

既然 OpenFlow 如此受重视，那么这一概念究竟是从何时提出的呢？ OpenFlow 一词始于开放网络基金会（Open Networking Foundation，ONF），它是具有领导地位的组织，主要倡导且鼓励使用者采用软件定义网络（Software-Defined Networking，SDN），并且制定与管理 OpenFlow 的标准。ONF 定义 OpenFlow 作为第一个标准沟通接口，它介于 SDN 架构内的控制和层层转发。OpenFlow 允许直接存取和网络装置数据平面的操作，如交换机和路由器，实体和虚拟等。OpenFlow 的通信协议移动网络控制所有权到控制软件，此开放源码软件可以在本地管理。

然而，OpenFlow 第一版的设计者是斯坦福大学的教授和学生，当初专注于网络的使用和学术研究，以现在的 OpenFlow 标准来看，实验性质非常明显，学术成份居高。图 3-1-1 所示为标准的 OpenFlow 控制器和 OpenFlow 交换机的网络架构图。控制器通过 OpenFlow 协议与 OpenFlow 交换机进行通信，经由安全渠道（Secure Channel）和流表（Flow Table）的信息处理，实现数据转发功能。

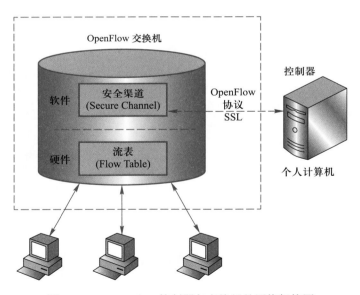

图 3-1-1　OpenFlow 控制器与交换机的网络架构图

目前，有一些网络交换机和路由器制造商宣称已支持或出售支持交换机的 OpenFlow。这些网络控制平面能够实现使用协议来管理网络数据单元。OpenFlow 主要作为交换机和控制器之间安全性沟通的管道。OpenFlow 关连产品的综合列表可参考 ONF 网页和 SDNCentral 网页。

OpenFlow 协议于 2011 年 2 月 28 日发表 1.1 版本。新的标准开发由 ONF 所管理。2011 年 12 月,ONF 确认 OpenFlow 1.2 版本于 2012 年 2 月出版。2012 年 6 月,Infoblox 发布 LINC,是 OpenFlow 开源版本 1.2 和 1.3 的兼容软件。目前 OpenFlow 的版本是 1.4。

从宏观角度来看,人们之所以关心软件定义网络技术要归功于 ONF 组织。OpenFlow 的运作架构如图 3-1-2 所示,有些控制平面的应用程序会在控制器之上模拟传统的控制平面应用行为,并且这些应用行为已经成为 SDN 技术中常见定义的一部分,详述如下。

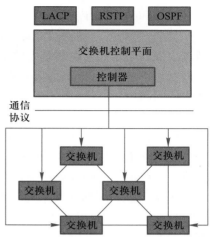

图 3-1-2　OpenFlow 运作架构

① 控制平面和数据平面的分离。对于 ONF 来说,控制平面在逻辑上为集中式的控制器系统。

② 控制器和网络组件代理程序之间使用的一个标准协议。用于实时状态,在 OpenFlow 环境中,指的是转送状态。

③ 可扩充的 API 机制。透过可扩充的 API 机制,可以集中检视并且提供网络可程序化的特性。

3.2　OpenFlow 通信协议

OpenFlow 是一个协议并且具有 API 沟通接口,它本身并不是一个产品或功能。换句话说,它需要应用程序的协助,提供指令以说明哪些数据流程流到哪个网络组件,否则控制器将不能做任何事情。通常情况下,会有一个以上的应用程序。OpenFlow 协议可分为以下两部分。

① 连接协议(Wire Protocol):若是 1.1 版本,具有新增支持多个数据表项目(Multiple Table)的功能,能够对动作执行暂存和中继数据传递功能。若版本为 1.3.x,可以用于建立控制会话,它定义流程的修改方法,以便进行互动,并且可以针对统计数据进行信息的收集,同时定义交换机的连接端口和流程数据表的结构。这些功能最后在交换机内部建立逻辑管理机制,以便用来处理流程。

② 配置与管理协议(OF-Config):目前版本是 1.1,它采用 NETCONF 的 Yang 数据模型,为了特定控制器来分配实体交换机连接端口,定义高可用性的主要或备用机制,以确保控制器连接失败后的处理方式。尽管 OpenFlow 协议能够配置相关命令或控制的方式,但仍无法启动或维护网络组件。原因是尚未达到 FCAPS 层级的管理机制,这里的 FCAPS 是故障、配置、计费、效能和安全 5 个项目的简称。

由于 OpenFlow 连接协议在 1.0 版本以后趋于复杂,在 2012 年,ONF 将测试活动(PlugFest)——一种交互式与一致性测试——变更成为更正式的测试。OpenFlow 协议并未提供网络切割能力,尽管这是一个很好的功能,它能将网络组件切割成单独控制的连接端口群组,或是将网络功能切割成单独的管理区域。然而,FlowVisor 导入中间延迟机制来处理交换机和控制器之间传递的封包,成为多个控制器和网络组件之间的代理程序工具,为特定厂商在不同控制器会话建立多个虚拟交换机的代理程序。目前已经能够提供这样的功能。

1. OpenFlow 连接协议

OpenFlow 的新内容有以下几点。

首先,它替各厂商协议配置设计,以非标准化语法导入具备暂时置换状态的运作概念。流程数据表项目不会储存在网络组件中的永久内存内。在程序设计控制过程中,OpenFlow 具备建立瞬间状态的能力。然而,暂停状态可以有效避开过去网络自动化中配置提交模型执行速度过于缓慢的问题。

对于大多数的网络管理人员而言,这种配置的结果将会建立转送状态,属于分布式处理。对于一般人而言,配置正确的测试就是验证转送的状态,如路由数据表、转送数据表或桥接数据表。与传统网络组件的分布式管理机制相比,倘若总是想事前在转送数据表中放入某些转送规定时,这只是将维护状态的管理转嫁到控制器上处理。

其次,在 OpenFlow 流程项目中,整个数据封包的标头可用于比对和修改。这里至少包含 L2 和 L3 的字段,如图 3-2-1 所示,很多字段的比对可以进行屏蔽。这里的屏蔽支持连续型或偏移型的匹配类型,是一种依赖平台的能力。此外,新发展的 OpenFlow 版本是在 Ofp_Match 中加入一个 TLV 结构,重组匹配字段,因此与旧有的 1.2 版本不兼容。图 3-2-1 说明 "L2+L3+ACL"的转送功能比较多元。所以,各个数据表所支持的组合将使转送功能可以支持许多事件组合。

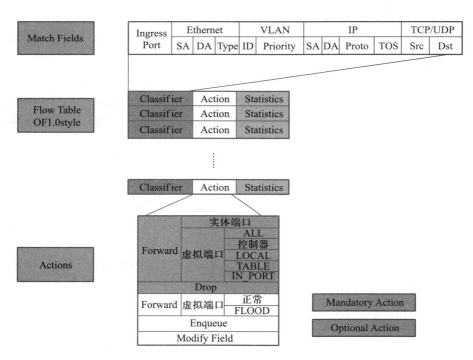

图 3-2-1　OpenFlow 1.0 版本协议内容

与分布式 IP/MPLS 模型相比,OpenFlow 所能控制的部分有明显的不同,例如,OpenFlow 有 11-tuple 的对比空间。相关可能性包括以下几点。

① OpenFlow 中对比指令的屏蔽能力。网络环境能够仿真采用 IP 目的地地址的转送行为。

② L2 和 L3 网络的行为。在 L2 和 L3 网络上,可以透过数据表现来源端或目的端的路由行为。

③ OpenFlow 封包对比的能力。目前还没有其他标准能够做到,替代原有路由或分布式控制环境中的比对与转送机制变得强大。

④ OpenFlow 的修改能力。起初针对交换机,透过交换机外在运作的应用程序,使之像服务装置一样执行网络地址转译(Network Address Translation)或防火墙等服务。采用硬件的转送系统,高度依赖厂商的系统是否能在虚拟服务路径中对支持的指令、顺序和保持作业的数量等功能进行虚拟化。随着卷标管理机制加入到连接协议 1.3 版以后,被 OpenFlow 协议所控制的网络组件能够非常容易地仿真 MPLS LSR 等平台或其他传统分布式平台的功能。

OpenFlow 协议通过 Experimenter 延伸模块来达成信息控制、流程比对字段、计量数据表操作、统计数据延伸模块和厂商特定延伸模块。以上 Experimenter 延伸模块和厂商特定延伸模块包含公共的与私有的两种。

若是数据表项目有重叠状况,数据表项目可以设定优先级。某些情况下,为了有效避免清理操作过程对控制器产生数据遗失的可能性,对于流程项目产生终止的效果可以设定时间到期机制。

OpenFlow 支持物理(Physical)、逻辑(Logical)和预先保留(Reserved)的连接端口类型,这些连接端口可以被当成入口、出口或双向 3 种结构。在预先保留连接端口中,IN_PORT 和 ANY 也必须被保留下来。OpenFlow 最多支持 255 个无类型的数据表,可以通过任意的 GoTo 机制在管线中进行排序,所以在 TABLE 内被要求建立多数据表管线。其余的 Reserved 连接端口则被用于其他重要的行为。例如,控制器是必须预留的连接端口,其他仍需预留的连接端口有 ANY、IN_PORT、ALL 和 TABLE。下面将对 LOCAL、NORMAL、FLOOD 和 CONTROLLER 这 4 个重要的项目加以说明。

① LOCAL。用于出口连接端口,逻辑连接端口允许 OpenFlow 应用程序存取主机操作系统的网络连接端口,进而能够存取执行程序。

② NORMAL。用于出口连接端口,逻辑连接端口允许交换机如同传统以太网络交换机的流量方式和操作行为。根据该协议功能规范,该连接端口仅能使用在"混合(Hybrid)"的交换机中。

③ FLOOD。仅用于出口连接端口,该逻辑连接端口使用网络组件的复制引擎,将封包发送到所有标准连接端口,非预先保留连接端口。FLOOD 与 ALL 的预先保留连接端口不同,ALL 连接端口包含入口连接端口,FLOOD 则利用网络组件的封包复制引擎。

④ CONTROLLER。允许转送封包流程规则,通过控制信道,从数据路径转送封包到控制器,可正向或反向转送。因此,能够启动 PACLET_IN 和 PACKET_OUT 的行为。

OpenFlow 的转送模型有两种模式:① 主动模式,需要预先提供;② 被动响应模式,需要数据平面驱动。在主动模式下,控制程序会先将需求放到转送数据表项目当中。在被动响应模式下,若是收到数据流量,在不能与现有的流程项目互相进行比对作业的状况下,有两种选择:① 放弃这个流程;② 使用 PACKET_IN 选项决定流程。目标是建立这些封包的流程项目,无论是正面、转送、负面或其他处置。

控制通道是一个对称式的 TCP 会话,是以 TLS 来保障其安全性的。此通道用于配置和管理,可以存放流程数据表、收集事件和统计；介于交换机和控制器内应用程序之间，发送接口封包的路径；统计数据的源流程（Flow）、汇总（Aggregate）、数据表（Table）、连接端口（Port）、序列（Queue）和厂商特定的计数器（Counter）。

　　在 OpenFlow 协议 1.3 版本中采用了多种辅助连接，如 TCP、UDP、TLS 或 DTLS 机制。它可以处理任何 OpenFlow 信息类型或子类型。但是，UDP 和 DTLS 通道无法保障封包的顺序，因此依照规范里的行为准则，确保对封包的特定操作是对称的，可以避免控制器上的顺序问题。OpenFlow 支持 BARRIER 信息，以便建立一个单元或流程控制的调度机制，用于与后续信息有依赖关系的场景，例如，PACKET_OUT 操作首先需要一个流程项目进行比对封包和转送。

2. 复写

　　OpenFlow 协议提供了几种封包复写机制。ANY 和 FLOOD 预先保留的虚拟连接端口，主要用于仿真或支持现有协议的行为，例如，LLDP 用来为控制器收集拓扑，并且采用 FLOOD 作为出口连接端口。

　　群组数据表允许把连接端口组合成一个出口连接端口集合，以支持多点传播、多重路径、间接转送和快速故障切换。每个群组数据表实际上都是一个动作列数据表，数据表的动作之一便是输出到一个出口连接端口。尽管有 4 组群组数据表类型，但只有下面 2 个才是必须使用的。

　　① ALL。用于多点传播，列表中的所有动作都必须被执行。在规范中，ALL 群组类型可以用于多重路径，但这并不是 IP 转送的多重路径，数据封包会被复制到两条路径上，这种行为更加符合 Live 或 Live Video 类型的要求，或其他多重路径的要求。

　　② Indirect。用于模拟 IP 转送过程中下一个跳跃点的行为，以便进行更快速的路由收敛行为。在套用执行动作后，便能建立一个输出或是连接端口动作的数据表，以便进行连续的复制动作。这种套用动作在 OpenFlow 1.0 版本中为单向操作。

3. 转送抽象工作组（FAWG）

　　OpenFlow 模型运作示意图如图 3-2-2 所示，其采用软件交换机，在规模和封包操作特性上拥有良好的灵活性。若从设定的硬件转送实体装置，例如，类似 TCAM 那样有容量、宽度和深度的多重内存的装置。由于不是所有的设备都符合上述条件，所以在 OpenFlow 的原始架构、多数

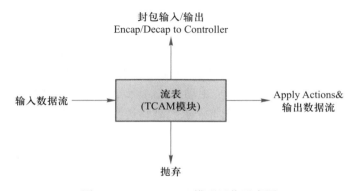

图 3-2-2　OpenFlow 模型运作示意图

据表、其他 OpenFlow 强大功能支持的封包管控机制和设备的支持方面都有非常多的变化。

一般来说,OpenFlow 1.1 及后续相关版本拥有潜在组合的复杂性。图 3-2-3 所示为 OpenFlow 1.0 版本转送模型运作示意图,其采用的 ASIC 芯片在转送硬件设备过程中无法有效运作。这样,OpenFlow 在选择抽象层级的对象方面便成为一个问题,因为这会关系到应用程序的适用性。虽然这种观点很普通,但是根据对 OpenFlow 之父 Martin Casado 的访谈,OpenFlow 抽象层级的观点被普遍引用。在访谈过程中,Martin 说明 OpenFlow 应用于流量工程,采用现有 ASIC 芯片解决 OpenFlow 的限制,他对 OpenFlow 在网络虚拟化的适用性做出一个评论:"我认为 OpenFlow 协议对于网络虚拟化来说过于低阶"。

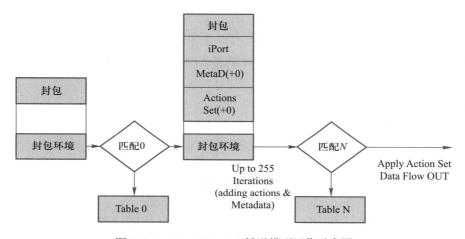

图 3-2-3   OpenFlow 1.0 转送模型运作示意图

该协议的 1.1 版本仅具备有限的检测功能,到 1.3 版本重整后可以支持一些原始数据表能力的描述功能,为每项比对字段增加比对类型,例如,精确比对、通配符比对和最长前置码比对。下面是现有抽象层级的缺漏。

① 信息遗失。

② 信息泄漏。

③ 控制平面到数据平面抽象能力薄弱。

④ 组合状态爆增。

⑤ 数据平面驱动的控制事件。

⑥ 间接基础架构匮乏。

⑦ 高敏感度的时间周期信息。

⑧ 多个控制引擎。

⑨ 可扩展能力薄弱。

⑩ 缺少初始架构。

转送抽象工作组(Forwarding Abstraction WorkGroup)通过"数据表归类模式(Table Type Pattern)",尝试以第一代协商式交换机模型 FAWG 开发出一个建立、标识和共享 TTP 的过程。此外,还开发出以 Yang 模型建构的协商算法和信息,建立控制器与交换机之间协议的 TTP,显示在 OF-Config 版本 1.4 内。

　　TTP 模型是预先定义的交换机行为模型,如 HVPLS_over_TE 转送和 L2+L3+ACL。由特定数据表可以描述比对、屏蔽、操作,以及数据表互相链接,以表示数据表的逻辑管道。这些描述可能随着元素在服务流程中的角色不同而有所不同,例如,对于 HVPLS 转送行为,该元素是开头、中点或出口。

　　早期的模型建议在 OpenFlow 1.3 版本上能够通过进一步扩充以达成 TTP 机制。如果 FAWG 成功,那么在控制器上的应用程序至少可以从行为描述角度掌握网络组件所具备的能力。下面是一个需要 TPP 或是 FPMOD 的范例。如果硬件数据表之间,数据和数据表索引相似性高时,就可以共享数据表项目,例如,MAC 地址转送和 MAC 地址学习,检视这两个检视图的逻辑数据表。这个数据表可以用不同的方式达成,例如,作为一个单一的硬件数据表。此外,要达成 MAC 学习或桥接的 OpenFlow 控制器,必须准备两个不同的数据表,一个用于 MAC 学习,另一个用于 MAC 桥接。MAC 桥接属于 OpenFlow 数据表的限制。目前,还没有办法将两个检视图放在一起。

4. 配置和扩充性

　　OF-Config 协议用于配置网络组件上 OpenFlow 的相关信息,该协议的运作架构围绕在 XML 模式、Yang 数据模型和 NETCONF 协议上。依照 OF-Config 的建议,Config-Mgmt 工作组用于配置和管理工作组或完成其他工作,例如,转送抽象工作组或传输工作组。光纤交换机的组态配置多半是静态与永久性的,所做的扩充更适合于 OF-Config。

　　从 OF-Config 1.1 版本开始,该标准与 FlowVisor 或类似外部切割代理程序进行分离,达成实体交换机中多台虚拟交换机的抽象层级。使得工作模型变为实体交换机后,便可以有多个内部逻辑交换机,如图 3-2-4 所示。使用 OF-Config 1.1 版本后,除了控制器、凭证、连接端口、序列和交换机的能力外,还可以配置一些螺及隧道类型,如 IP-In-GRE、NVGRE 和 VX-LAN。此

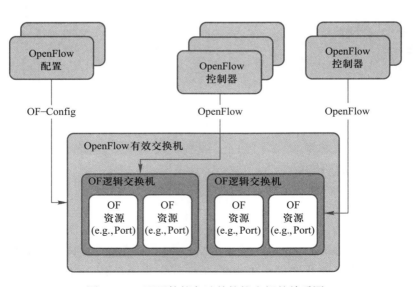

图 3-2-4　配置协议与连接协议之间的关系图

延伸功能需要交换机支持,以便建立逻辑连接端口。

5. 运作架构

尽管 OpenFlow 协议提供了一个标准化的南向(Southbound)协议(这是一个介于控制器与网络组件代理程序之间的协议),对数据流程进行管控。其他像是北向(Northbound)应用程序接口 API、东向(East)或西向(West)的 API 仍在定义统一标准的过程当中。大多数可用控制器的东向或西向状态分布采用数据库的分布式模型,允许单一厂商的多控制器组成联盟,但不允许不同厂商控制器之间进行互动操作的状态交换。

运作架构工作组件尝试解决这个问题,以便为 SDN 技术定义一个通用的运作架构。ONF 组织曾经将 SDN 的定义和 OpenFlow 的定义整合在一起,若是具备标准化接口,这些问题便可解决,也就是考虑 SDN 是否具备开放性。

大多数的 OpenFlow 控制器组件如图 3-2-5 所示,其中 FlowVisor 和应用程序是互相独立的个体。同时,图 3-2-5 还提供了一套基本的应用服务,有路径运算、拓扑结构和布建。这里的拓扑结构通过 LLDP(链路层发现协议)确定并限制 L2 拓扑。为了支持 OF-Config,它们需要支持 NETCONF 驱动程序。

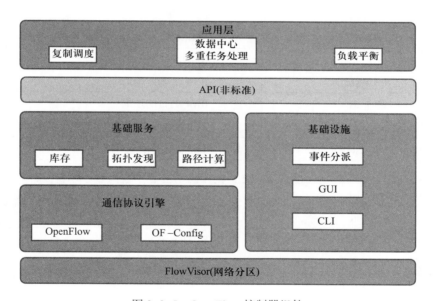

图 3-2-5 OpenFlow 控制器组件

关于 SDN 运作架构和 OpenFlow 协议存在的问题是,OpenFlow 控制器和 OpenFlow 工作的网络层提供应用服务的类型,对所有可能的 SDN 应用程序而言是否足够。然而,OpenFlow 协议是否等同于 SDN 技术,仍有其不确定性。围绕 OpenFlow 协议模型的主题,如故障排除、OpenFlow 语法原则数据表,以及控制器和网络元之间验证层等,相关研究仍在继续,如开放网络研究中心(Open Network Research Center)。

下面将描述 Match、Instructions 和 Action 在 OpenFlow 协议中的细节。首先,许多种类

的指定条件可以用在 Match 中, 随着 OpenFlow 版本的更新, 相关种类的数量也在增加。在 OpenFlow 1.0 时仅有 12 种, OpenFlow 1.3 时数量就增长为约 40 种。每个指令的细节可以参考 OpenFlow 规格书。表 3-2-1 简要列出了 OpenFlow 1.3 的 Match 指令。可以通过 Mask 来指定 field, 设定 MAC 地址或 IP 地址。

表 3-2-1　通信协议名称说明

序号	Match Field	名称说明
1	in_port	接收端口编号（含逻辑端口）
2	in_phy_port	接收端口实体编号
3	metadata	在 table 间传递使用的 metadata
4	eth_src	Ethernet MAC 来源地址
5	eth_dst	Ethernet MAC 目的地址
6	eth_type	Ethernet 讯框种类
7	vlan_vid	VLAN ID
8	vlan_pcp	VLAN PCP
9	ip_dscp	IP DSCP
10	ip_ecn	IP ECN
11	ip_proto	IP 协定种类
12	ipv4_src	IPv4 IP 来源地址
13	ipv4_dst	IPv4 IP 目的地址
14	tcp_src	TCP port 来源编号
15	tcp_dst	TCP port 目的编号
16	udp_src	UDP port 来源编号
17	udp_dst	UDP port 目的编号
18	sctp_src	SCTP port 来源编号
19	sctp_dst	SCTP port 目的编号
20	icmpv4_type	ICMP 种类
21	icmpv4_code	ICMP Code 编码
22	arp_op	ARP Opcode
23	arp_spa	ARP IP 来源地址
24	arp_tpa	ARP IP 目的地址
25	arp_sha	ARP MAC 来源地址
26	arp_tha	ARP MAC 目的地址
27	ipv6_src	IPv6 IP 来源地址
28	ipv6_dst	IPv6 IP 目的地址

续表

序号	Match Field	名称说明
29	ipv6_flabel	IPv6 Flow label
30	icmpv6_type	ICMPv6 种类
31	icmpv6_code	ICMPv6 编码
32	ipv6_nd_target	IPv6 neighbour discovery 目的地址
33	ipv6_nd_sll	IPv6 neighbour discovery link-layer 来源地址
34	ipv6_nd_tll	IPv6 neighbour discovery link-layer 目的地址
35	mpls_label	MPLS 标签
36	mpls_tc	MPLS Traffic class（TC）
37	mpls_bos	MPLS Bos bit
38	pbb_isid	802.1ah PBB I–SID
39	tunnel_id	逻辑端口的 metadata
40	ipv6_exthdr	IPv6 extension header 的 Pseudo-field

其次,instruction 用于定义当封包满足所规范的 Match 条件时需要执行的动作,相关定义如表 3-2-2 所示。

表 3-2-2　Ryu 实作类别指令说明

序号	Instruction	说明	Ryu 实作类别
1	Goto Table（必要）	在 OpenFlow 1.1 或更新的版本中,multiple flow tables 将是必须支持的项目。通过 Goto Table 指令可以在多个 table 间进行移转,并进行相关的比对及对应的动作。例如,"收到来自 port 1 的封包时,增加 VLAN–ID200 的 tag,并移动至 table 2"。所指定的 table ID 必须大于目前的 table ID	OFPInstructionGotoTable
2	Write	Metadata（选项）写入 Metadata 以作为下一个 table 所需的参考数据	OFP Instruction Write Metadata
3	Write Actions（必要）	在目前的 action set 中写入新的 action,当有相同的 action 存在时,会进行覆盖	Null
4	Apply Actions（可选项）	立刻执行所指定的 action,不对现有的 action set 进行修改	OFPInstructionActions
5	Clear Actions（可选项）	清空目前存在 action set 中的资料	OFPInstructionActions
6	Meter（可选项）	指定该封包到所定义的 meter table	OFPInstructionMeter

注:① Clear Actions 可以在安装时进行选取。

② Write Actions 虽然在规格中被列为必要,但是目前的 Open vSwitch 并不支持该功能。Apply Actions 是目前 Open vSwitch 所提供的功能,所以可以用来替代 Write Actions。Write Actions 预计将在 Open vSwitch 2.1.0 中支持。

最后，Action 提到的 OFPActionOutput 类别是用来转送指定封包的，其中包含 Packet-Out 和 Flow Mod。设定传送的最大封包容量（max_len）和要传送的控制器（Controller）目的地作为建构子（Constructor）的参数。对于设定目的地，除了实体端口外，还有一些其他的值可以进行定义。当设定传送的最大封包容量（max_len）为 0 时，二进制数据（Binary data）将不会被加在 Packet-In 的信息中。当指定 OFPCML_NO_BUFFER 时，所有的封包将会加入到 Packet-In 信息中而不会暂存在 OpenFlow 交换器中。相关名称如表 3-2-3 所示。

表 3-2-3　OFPActionOutput 类别说明

序号	名称	说明
1	OFPP_IN_PORT	转送到接收端口
2	OFPP_TABLE	转送到最前端的表（table）
3	OFPP_NORMAL	使用交换器本身的 L2/L3 功能转送
4	OFPP_FLOOD	转送（Flood）到所有 VLAN 的物理端口，不包含来源端口与闭锁端口
5	OFPP_ALL	转送到所有端口，不包含来源端口
6	OFPP_CONTROLLER	转送到控制器（Controller）的 Packet-In 信息
7	OFPP_LOCAL	转送到交换器本身的端口（local port）
8	OFPP_ANY	以 Wild card 来指定 Flow Mod（delete）或 Flow Stats Requests 信息的端口

3.3　ofproto 函式库

本节介绍 Ryu ofproto 的函式库。Ryu ofproto 函式库用于产生及解析 OpenFlow 信息的函式库。每个 OpenFlow（版本 X.Y）都相对于唯一的常数模块（ofproto_vX_Y）和解析模块（ofproto_vX_Y_parser），此外，每个 OpenFlow 版本又是各自独立运行的。表 3-3-1 所示为 OpenFlow 版本对应表。

表 3-3-1　OpenFlow 版本对应表

序号	OpenFlow 版本	常数模块	解析模块
1	1.0.x	ryu.ofproto.ofproto_v1_0	ryu.ofproto.ofproto_v1_0_parser
2	1.2.x	ryu.ofproto.ofproto_v1_2	ryu.ofproto.ofproto_v1_2_parser
3	1.3.x	ryu.ofproto.ofproto_v1_3	ryu.ofproto.ofproto_v1_3_parser
4	1.4.x	ryu.ofproto.ofproto_v1_4	ryu.ofproto.ofproto_v1_4_parser

这里的常数模块用来作为通信协议中的常数设定，这里仅列出 4 个范例，如表 3-3-2 所示。

表 3-3-2　常数设定表

序号	常数	说明
1	OFP_VERSION	通信协议版本编号
2	OFPP_xxxx	端口
3	OFPCML_NO_BUFFER	无缓冲区间,直接对全体发送信息
4	OFP_NO_BUFFER	无效的缓冲编号

解析模块提供各个 OpenFlow 信息的对应类别,如表 3-3-3 所示。

表 3-3-3　重要类别对应表

序号	物件 (Object)	说明
1	OFPHello	OFPT_HELLO 信息
2	OFPPacketOut	OFPT_PACKET_OUT 信息
3	OFPFlowMod	OFPT_FLOW_MOD 信息

解析模块对应到 OpenFlow 信息的 Payload 结构所需的定义,如表 3-3-4 所示。

表 3-3-4　Payload 结构类别表

序号	物件 (Object)	结构
1	OFPMatch	ofp_match
2	OFPInstructionGotoTable	ofp_instruction_goto_table
3	OFPActionOutput	ofp_action_output

ofproto 函式库在使用上可以分为网络地址(Network Address)、信息(Message)的解析(Parse)和串行化(Serialize)信息的产生 3 种方法,具体说明如下。

① 网络地址。Ryu ofproto 函式库的 API 使用最基本的文字表现网络地址,如表 3-3-5 所示。

表 3-3-5　网络地址种类表

序号	地址 (Address) 种类	python 文字表示
1	MAC 地址	00:03:47:8c:a1:b3
2	IPv4 地址	192.0.2.1
3	IPv6 地址	2001:db8::2

② 信息的解析。此功能要把信息的原始数据转换成信息对象,将交换器收到的信息以框架(Framework)形式自动进行处理,Ryu 应用程序(Application)是不需要进行特别处理的。有以下两个步骤。

a. 以 ryu.ofproto.ofproto_parser.header 处理版本相应的解析。

b. 以 ryu.ofproto.ofproto_parser.msg 解析剩余的部分。

③ 串行化信息的产生。将信息对象转换并产生对应的信息位（Byte）。同上一个方法，交换器的信息将由框架自动进行处理，Ryu 应用程序无须额外的动作。有以下两个步骤。

a. 呼叫信息对象的串行化方法。

b. 从信息对象中将 buf 的属性读取出来。有些字段，如 len，即使不指定数值，在串行化的同时也会自动被计算。

3.4　封包函式库

OpenFlow 中的 Packet-In 和 Packet-Out 信息用于产生封包，可以在其中的字段放入位（Byte）数据并转换为原始封包。Ryu 提供简易使用的封包产生函式库给应用程序使用。Ryu 是日本 NTT 发起的开源控制器项目，开发的程序语言是 python，它支持 OpenFlow、OF-Config 和 Netconf 等控制协议。此外，OpenStack 支持 Ryu，通过调用 Ryu 控制器可以配置 OVS。

本节讨论 Ryu 封包函式库所提供的协议与其对应的对象，用来解析或包装封包。表 3-4-1 所示为 Ryu 所支持的协议，更多协议的细节可以参照 API 参考数据（http://ryu.readthedocs.io/en/latest/）。

表 3-4-1　Ryu 封包函式库表

序号	指令名称	物件	批注
1	arp	a. ryu.lib.packet.arp.arp b. ryu.lib.packet.arp.arp_ip	a. ARP（RFC 826）header 编码 / 译码对象 b. IPv4 ARP for Ethernet 便利包装纸
2	bgp	a. ryu.lib.packet.bgp.BGPMessage b. ryu.lib.packet.bgp.BGPOpen c. ryu.lib.packet.bgp.BGPUpdate d. ryu.lib.packet.bgp.BGPKeepAlive e. ryu.lib.packet.bgp.BGPNotification f. ryu.lib.packet.bgp.StreamParser	a. Base class for BGP-4 信息 b. BGP-4 OPEN 信息编码 / 译码对象 c. BGP-4 UPDATE 信息编码 / 译码对象 d. BGP-4 KEEPALIVE 信息编码 / 译码对象 e. BGP-4 NOTIFICATION 信息编码 / 译码对象 f. Streaming parser for BGP-4 信息
3	bpdu	a. ryu.lib.packet.bpdu.bpdu b. ryu.lib.packet.bpdu. 　TopologyChangeNotificationBPDUs c. ryu.lib.packet.bpdu. 　ConfigurationBPDUs d. ryu.lib.packet.bpdu.RstBPDUs	a. 桥梁协议数据单元（Bridge Protocol Data Unit，BPDU） b. 拓扑改变通知（Topology Change Notification BPDUs、IEEE 802.1D） c. 设置 BPDUs（IEEE 802.1D） d. 快速展开树（Rapid Spanning Tree BPDUs、RST BPDUs、IEEE 802.1D）
4	dhcp	ryu.lib.packet.dhcp.dhcp ryu.lib.packet.dhcp.options	RFC 2131 DHCP 封包格式
5	Ethernet	ryu.lib.packet.ethernet.ethernet	Ethernet header 编码 / 译码对象
6	icmp	ryu.lib.packet.icmp.icmp	ICMP（RFC 792）header 编码 / 译码对象

续表

序号	指令名称	物件	批注
7	icmpv6	ryu.lib.packet.icmpv6.icmpv6	ICMPv6（RFC 2463）header 编码 / 译码对象
8	Igmp	a. ryu.lib.packet.igmp.igmp b. ryu.lib.packet.igmp.igmpv3_query c. ryu.lib.packet.igmp.igmpv3_report d. ryu.lib.packet.igmp.igmpv3_report_group	a. Internet 群组管理协议（IGMP、RFC 1112、RFC 2236）header 编码 / 译码对象 b. Internet 群组管理协议（IGMP、RFC 3376）Membership 查询信息编码 / 译码对象 c. Internet 群组管理协议（IGMP、RFC 3376）Membership 报告信息编码 / 译码对象 d. Internet 群组管理协议（IGMP、RFC 3376）Membership 报告群组记录信息编码 / 译码对象
9	ipv4	ryu.lib.packet.ipv4.ipv4	IPv4（RFC 791）header 编码 / 译码对象
10	Ipv6	a. ryu.lib.packet.ipv6.auth b. ryu.lib.packet.ipv6.dst_opts c. ryu.lib.packet.ipv6.fragment d. ryu.lib.packet.ipv6.header e. ryu.lib.packet.ipv6.hop_opts f. ryu.lib.packet.ipv6.ipv6 g. ryu.lib.packet.ipv6.opt_header h. ryu.lib.packet.ipv6.option i. ryu.lib.packet.ipv6.routing j. ryu.lib.packet.ipv6.routing_type3	a. IP 认证 header（RFC 2402）编码 / 译码对象 b. IPv6（RFC 2460）目的 header 编码 / 译码对象 c. IPv6（RFC 2460）分段 header 编码 / 译码对象 d. 延展 header 抽象物件 e. IPv6（RFC 2460）逐跳选项 header 编码 / 译码对象 f. IPv6（RFC 2460）header 编码 / 译码对象 g. 抽象对象 header 和目的 header h. IPv6（RFC 2460）选项 header 编码 / 译码对象 i. 一个 IPv6 路由 Header 译码对象 j. 一个 IPv6 路由 Header 来源路由与 RPL（RFC 6554）编码 / 译码对象
11	llc	a. ryu.lib.packet.llc.llc b. ryu.lib.packet.llc.ControlFormatI c. ryu.lib.packet.llc.ControlFormatS d. ryu.lib.packet.llc.ControlFormatU	a. LLC（IEEE 802.2）header 编码 / 译码对象 b. LLC control I-format field 的子编码 / 译码对象 c. LLC control S-format field 的子编码 / 译码对象 d. LLC control U-format field 的子编码 / 译码对象
12	mpls	ryu.lib.packet.mpls.mpls	MPLS（RFC 3032）header 编码 / 译码对象
13	pbb	ryu.lib.packet.pbb.itag	I-TAG（IEEE 802.1ah-2008）header 编码 / 译码对象
14	sctp	ryu.lib.packet.sctp.sctp	串流控制传输协议（Stream Control Transmission Protocol，SCTP，RFC 4960）
15	slow	a. ryu.lib.packet.slow.slow b. ryu.lib.packet.slow.lacp	a. Slow 协议。此对象仅有 parser 方法 b. 链路聚合控制（Link Aggregation Control Protocol、LACP、IEEE 802.1AX）

序号	指令名称	物件	批注
16	tcp	ryu.lib.packet.tcp.tcp	TCP（RFC 793）
17	udp	ryu.lib.packet.udp.udp	UDP（RFC 768）
18	vlan	a. ryu.lib.packet.vlan.svlan b. ryu.lib.packet.vlan.vlan	a. S-VLAN（IEEE 802.1ad） b. VLAN（IEEE 802.1Q）
19	vrrp	a. ryu.lib.packet.vrrp.vrrp b. ryu.lib.packet.vrrp.vrrpv2 c. ryu.lib.packet.vrrp.vrrpv3	a. 基本对象是 VRRPv2（RFC 3768）和 VRRPv3（RFC 5798），不像 ryu.lib.packet.packet_base.PacketBase 对象，此种协议不应该直接由用户取用 b. VRRPv2（RFC 3768） c. VRRPv3（RFC 5798）

封包函式库在使用上可以分为网络地址、封包的解析和串行化封包的产生 3 种方法，具体说明如下。

① 网络地址。Ryu 封包函式库的 API 使用最基本的文字表现网络地址，如表 3-4-2 所示。

表 3-4-2   Ryu 封包函式库地址种类表

序号	地址（Address）种类	python 文字表示
1	MAC 地址	00：03：47：8c：a1：b3
2	IPv4 地址	192.0.2.1
3	IPv6 地址	2001：db8：：2

② 封包的解析。封包的 Byte String 产生相对应的 Python 对象。有以下两个步骤。

a. 以 ryu.lib.packet.packet.Packet 对象产生（指定要解析的 byte string 给 data 作为参数）。

b. 以先前对象的 get_protocol 方法取得协议中相关属性的对象。

③ 串行化封包的产生。把 Python 对象转换成为相对封包的 byte string。有以下 4 个步骤。

a. 产生 ryu.lib.packet.packet.Packet 类别的对象。

b. 产生相对应的协议对象（ethernet、ipv4、…）。Checksum 和 payload 的长度不需要特别设定，在串行化的同时会被自动计算。

c. 在步骤 a 所产生的对象中，使用 add_protocol 方法依次加入步骤 b 所产生的对象。

d. 呼叫步骤 a 所产生对象中的串行化方法将对象转换成 byte string。

3.5   OF-Config 函式库

本节将介绍 Ryu 内建的 OF-Config 客户端函式库。OpenFlow 实现 Flow 的 match-action 相关的行为，这里 Flow 需要许多资源但都不是 OpenFlow 所负责管理的。例如，当 OpenFlow 协议在控制器和交换机之间发送信息的同时，OpenFlow 不会介入发送信息通道的创建、加密和指定等，也不指定控制器和交换机的连接，更不参与交换机本身 IP 地址、掩码和网关的管理。最后,OpenFlow 不负责物理端口和逻辑端口的创建与状态的改变。所以,ONF 以 OF-Config 通信协议来完成上述工作,可以参考下面的网址链接以取得更详尽的信息:https://www.opennetworking.org/sdn-resources/onf-specifications/openflow-config。

整体来讲,OF-Config 是用来管理 OpenFlow 交换器的一个通信协议。OF-Config 通信协议被定义在 NETCONF(RFC 6241)中,最新版本是 1.1.1,该标准中列出的所支持的工作内容如下。

① 发送信息信道的创建、加密和指定。

② 指定控制器和交换机的连接。

③ 交换机本身 IP 地址、屏蔽和网关的管理。它可以对逻辑交换器的通信端口(Port)和队列(Queue)进行设定,以及数据获取。

④ 负责物理端口和逻辑端口的创建与状态的改变。

⑤ Ryu 提供的函式库兼容于 OF-Config 1.1.1 版本。

OpenFlow 和 OF-Config 使用时的运行架构如图 3-5-1 所示。有 3 种做法可以运行 OF-Config:① 使用命令行配置;② 厂商自行提出的方案;③ 重新定义另一个协议。例如,已知 Open vSwitch(OVS)是很重要的一个技术,它是第一个解释虚拟交换和新的数据中心网络存取概念的技术。OVS 被人广泛应用,然而 Nicira 公司发展的 OVSDB 不只是厂商自行提出的方案,也是重新定义的一个协议。

然而,Open vSwitch Database(OVSDB)也成为一个标准为人所广泛使用。OVS 的特点如下。

① OVS 对 SDN 在数据中心的布署很重要,因为它将虚拟机(VM)聚集在一起,以方便服务器内的管理程序使用。

② OVS 对所有 VM 在网络交易信息的第一个进入点,经由物理网络进入数据中心。

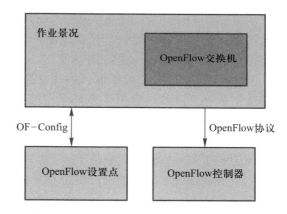

图 3-5-1　OpenFlow 和 OF-Config 的运行架构

③ OVS 作为许多数据中心 SDN 布署核心的虚拟网络,主要使用案例是多租户(multi-tenant)网络的虚拟化。

④ OVS 也能够用来直接介于网络功能服务案例之间的交易。

注:目前 Open vSwitch(OVS)并不支持 OF-Config,只有 Open vSwitch Database(OVSDB)支持 OF-Config。OVSDB 协议虽然已经在 RFC 7047 公开为标准,但事实上目前仅作为 Open vSwitch 替代使用的通信协议,期望将来会有更多应用它的 OpenFlow 交换器出现。

3.6　OpenFlow 应用方案

有关 OpenFlow 的应用方案,下面将讨论混合方案和双功能交换机方案。

1. 混合方案

ONF 组织成立混合型工作组(Hybrid Working Group),该工作组建议的运作架构有两个:夜航(Ships In the Night)模型和整合式混合模型。

(1) 夜航模型

当一个实体或逻辑的连接端口只能用于 OpenFlow 或本地端,而不能同时应用于 OpenFlow 和本地端,可以使用夜航模型,如图 3-6-1 所示。夜航模型的重点如下。

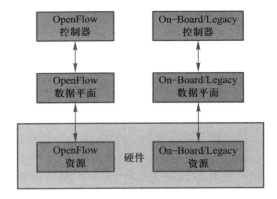

图 3-6-1　夜航运作架构

① 限制 OpenFlow 网络分配资源,可以保障本地网络环境的操作;反之,当限制本地网络分配资源时,将会保障 OpenFlow 网络的使用。提出的建议包含在本地端主机,处于混合模式交换机环境,其操作系统可以通过虚拟化方式采用执行程序层级的隔离机制。

② 避免 OpenFlow 网络与本地端网络的控制平面之间的同步状态需求,或是不同步事件的通知。

③ 限制连接端口的使用。使用 LOCAL、NORMAL 和 FLOOD,采用严格的规定以保留连接端口的流量。

夜航扩充了 ONF 对混合方式的定义,反映在 NORMAL 的预先保留连接端口内。夜航模型允许连接端口通过逻辑连接端口或 VLAN 来隔离,并且期待以此环境使用 MSTP 作为产生树来达成。此步骤在某些特定类型的整合式混合有其存在的必要。最后,夜航对于预先保留连接端口之间的互动仍有模糊的空间,所以夜航混合方式可以向松散连接端口委托模型方向进行改进。

(2) 整合式混合模型

由于混合模型仍有混合网络可能造成使用安全与人员疏忽的问题,所以仍需要继续研究与改善。若一个控制的分界点是在网络组件上,在 OpenFlow 控制平面和本地端控制平面之间,出于安全的目的将首先考虑如何预先保留连接端口,如 CONTROLLER、NORMAL、FLOOD 和 LOCAL,以便存取混合网络或本地端网络,在本地端执行程序。此时,在控制器上的应用程序或 OpenFlow 连接端口上的应用程序,可能假冒 IGP 对方端点或其他协议会话执行插入或是汇出的状态,进而造成本地端网络环境的安全隐忧。

2. 双功能交换机方案

基于对于整合式混合运作架构的需要,ONF 董事会成立迁移工作组协助解决混合设备和混合网络的问题,期待发展混合式的网络以解决一个数据中心堆栈模型的需要。

　　为了整合现有的模型,将针对 OpenFlow 区域与本区域在控制层级(如 RouteFlow)上进行整合。与整合式混合架构不同,此种方式能够建立混合式网络环境,如图 3-6-2 所示。

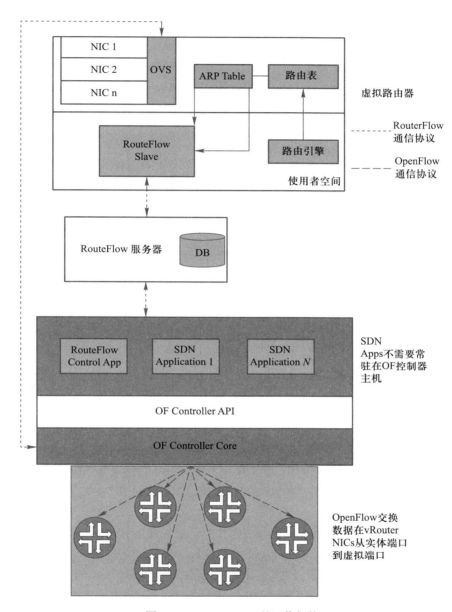

图 3-6-2　RouteFlow 的运作架构

　　此种做法是在虚拟主机上运作路由通信协议,将主机上 VM 虚拟主机管理程序的虚拟交换机虚拟连接端口,与 OpenFlow 交换机相关实体连接端口进行联系。通过这些连接端口,虚拟路由器与本地网络的 IGP 和 BGP 在适当的实体边界交换机上,通过开启流程数据表中相对应的流程形成邻接关系。虚拟路由器通过适当的边界点发布给 OpenFlow 区域的前置码。从本地网络

35

角度来看,它们像是相邻对等所取得的信息。此外,虚拟路由器在 OpenFlow 区域内通过内部逻辑和原则建立流程规则,将流量导引到紧邻的目的地,通过流程规则,最后再指向边界交换机有效的连接端口。

这种混合设计仍有缺点,即流量管理和封包 I/O 连续在一个共同的 TCP 会话上发生,使得此种设计回到传统分布式控制平面需要解决的问题,也就是阻塞、控制封包、I/O、延迟、序列管理和硬件程序设计开发时间。部分问题可以通过其他控制通道得到改善。

目前,整合式混合连接的工具对同一设备上的 OpenFlow 协议和本地端协议,有数据表和沟通接口两种。

(1) 数据表

可以使用 OpenFlow 的 GotoTable 语法来设计,在本地端数据表中进行二次寻找任务。OpenFlow 不了解本身数据表以外的其他数据表,所以此方案允许在初始化的阶段会话挖掘本地端数据表。此方案的问题有以下 4 点。

① OpenFlow 的数据表空间不足。以本地区域的虚拟路由转送(VRF)数据表的名称空间来看,OpenFlow 的数据表空间太少。

② 本地端建立大量动态数据表。在服务供货商边界或是数据中心的网关设备上,需要将数据表更新到控制器内。

③ 本地区域的数据表数量。本地区域的部分设备可以拥有 64 个以上的数据表。

④ 路由机制复杂。尽管 GoToTable 方案简洁,但是仍是一种复杂且影响大的重要路由机制。

(2) 沟通接口

有一些非官方的沟通接口解决方案,目的是达成区域间的双向流程。常见的有在 OpenFlow 交换机区域内插入一个新的 L3 组件。此 L3 组件可以被 NORMAL 连接端口的活动、DHCP 和 ARP 的组合所影响。故此,终端主机就可以在 OpenFlow 区域内找到一个转送网关设备。此方案虽然可以运作,但仍有不足之处。例如,在 OpenFlow 部分,NORMAL 逻辑连接端口仅用于出口,在相反方向上控制流程仍是不可行的。此外,一些系统管理人员或操作人员基于安全考虑,不经常使用 NORMAL 连接端口。

总结本章内容,从前面的讨论中可以看出 OpenFlow 已经有很好的基础与影响力,但 OpenFlow 也有潜在危机,可以从两个方面来讨论其面临的困难:一个是控制平面,另一个是数据平面。

① 从控制平面来看。OpenFlow 式的集中式控制,监控很方便,但一旦控制器毁损,那么整个网络也会受到影响。此外,如果 OpenFlow 控制器被入侵,那么整个 OpenFlow 网络也就全部被掌握。所以,OpenFlow 的缺点是,到现在为止还没有支持 OpenFlow 的交换芯片以面对控制器失效等情况。它属于设备商所提供的方案,没有业界统一标准,并且存在供货商锁定(Vendor Lock-In)与费用成本的问题。

② 从数据平面来看。如果 OpenFlow 通过 L3 层的 IP 进行转发,那么它就成了一个路由器。但实际上,OpenFlow 主要用于 L2 层时会被当作一个交换机来使用。所以,Openflow 在转发层面相比于传统方式有很大的提升,兼容以前所有的转发方式,然而,现在的标准中,还有许多传统转发方式支持但 OpenFlow 仍不支持的部分。例如,想要实现某个出端口中 SIP=1.1.1.1 的报文将其全部丢弃,目前的标准中没有出现匹配出端口的内容,期待未来 OpenFlow 能够将此标准得到完善。

本章练习

1. Action 提到的 OFPActionOutput Class 是用来转送指定封包的,其中包含哪些内容?

2. 每个 OpenFlow(版本 X.Y)都会对应到哪两个唯一的模块?

3. ofproto 函式库内信息的解析,其做法有哪两个步骤?

4. ofproto 函式库串行化信息的产生,其做法有哪两个步骤?

5. 简述 OpenFlow 和 OF-Config 使用时的 3 种做法。

6. 封包函式库的封包的解析,其做法有哪两个步骤?

7. 封包函式库的串行化封包的产生,其做法有哪 4 个步骤?

8. OF-Config 通信协议标准中列出的支持的工作内容有哪几点?

9. Open vSwitch(OVS)是很重要的一个技术,它有哪些特点?

第 4 章　Ryu 控制器与 OpenDaylight

　　本章讨论 Ryu 控制器和 OpenDaylight。在 SDN 中,这是目前使用广泛的两个工具,下面将分别对它们进行概述,并讲解其基本操作,包括 Ryu 控制器概述、Ryu 控制器基本操作、OpenDaylight 概述和 OpenDaylight 控制器基本操作。通过学习本章知识,需要掌握以下几个知识点。

　　1. Ryu 控制器架构。

　　2. Ryu 控制器软件。

　　3. Ryu 控制器的基本操作。

　　4. OpenDaylight 架构。

　　5. OpenDaylight 的功能。

　　6. OpenDaylight 与 SDN 使用案例。

　　7. OpenDaylight 控制器的基本操作。

4.1　Ryu 控制器概述

Ryu 是一个以组件为基础的软件定义网络架构,是由 NTT 实验室所支持的。Ryu 提供的软件组件 API 可以很容易地使开发人员建立新的网络管理和控制应用,完全以 Python 语言所撰写的开放原始码为架构。Ryu 的应用程序和 API 接口运作架构图如图 4-1-1 所示,Ryu 信息服务也支持其他语言所开发的组件。Ryu 运作的组件有对 OpenFlow 协议的支持(OpenFlow 1.3 版本和 Nicira 扩充功能)、事件管理、信息机制、内存、状态管理、应用程序管理、基础架构服务和可重新使用的函式库(如 NetConf 函式库和 sFlow/NetFlow 函式库)。此外,Ryu 还提供应用程序和服务,如入侵检测(Snort)、L2 交换机、GRE 隧道机制、VRRP、拓扑和统计服务等。Ryu 针对 OpenFlow 的相关操作提供了 REST 接口。储存上,Ryu 利用 HBase 进行统计储存的运作原型,还提供相对应的可视化和分析功能。Ryu 通过 Zookeeper 组件具有良好的可用性,其缺点是不支持多个控制器进行协同运作,也不能采用丛集方式对网络环境进行管理。

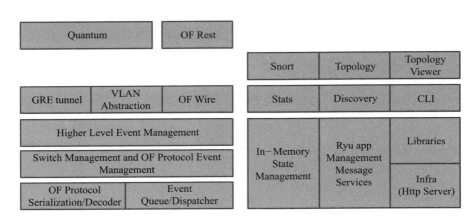

图 4-1-1　Ryu 的应用程序和 API 接口运作架构图

在 API 层内,Ryu 可以外挂 OpenStack Quantum 程序,支持 GRE 堆栈网络和 VLAN 组态配置。

Ryu 支持多种通信协议来管理网络的装置,如 OpenFlow、Netconf 和 OF-config 等。关于 OpenFlow,Ryu 支持的版本有 1.0、1.2、1.3、1.4、1.5 和 Nicira 的扩充功能。OVS 和 Ryu 都是采用 Apache 许可协议的开源软件,所以用户可以直接在网络上下载使用。此外,Ryu 的原意是"流"(flow)。Ryu 的发音是 "ree-yooh"。

因此,Ryu 是一款 OpenFlow 的控制器,可以和 Pica8 交换机(本书使用的交换机)组合使用。有关 Ryu 的信息可以查询官方网站 http://osrg.github.com/ryu/ 或 http://www.osrg.net/ryu。Pica8 交换机和 Ryu 控制器组合在一起是为了提供一个开放的 SDN 平台,以便于 SDN 用户能够在一个开放的环境中用 OpenFlow 交换机来进行真正的流量测试、开发和原型验证。

4.2 Ryu 控制器的基本操作

下面介绍 Ryu 控制器的使用步骤。

① 完成 Ryu 的安装。要安装 Ryu 控制器,首先打开 clone RYU 目录。从 $home 目录下打开一个 shell 窗口,然后用

```
git clone git: //github.com/osrg/ryu.git
```

命令来复制 Ryu 代码。这样在 $home 下就有一个 RYU 目录。然后,用 cd ryu 命令切换到目录 ryu,使用

```
sudo python ./setup.py install
```

命令完成 Ryu 的安装。

② 完成 ryu-manager 和 ryu-client 的安装。切换到 $home/ryu/bin/ 和 /usr/local/bin/ 目录下,安装 ryu-manager 和 ryu-client。

③ Ryu 控制器的 OVS 配置。bridge 要连接控制器时,需要指定连接的控制器 IP 地址和端口号接口(port number)。使用

```
ovs-vsctl set-controller br0 tcp: 200.16.1.240: 6633
```

命令为 bridge 添加一个控制器(controller)。此时,可以看到 bridge 的信息,但是因为控制器还未启动,所以未显示控制器的连接状态。只要控制器启动,使用该命令就可以看到交换机和控制器的连接状态,显示 "/is_connected:true/"。

④ 启动控制器。将 Ryu 控制器运行在 200.16.1.240 的 IP 地址下默认端口号接口为 6633 的控制器计算机主机上。此埠号接口可以随时修改,这里使用

```
ryu-manager --verbose
```

命令来启动 Ryu 控制器。

⑤ 查看控制器。使用

```
ovs-ofctl show br0
```

命令查看控制器的埠号接口信息。

⑥ 监控控制器信息收发。要了解控制器信息收发状况,需要先了解控制器和 OVS 交换机的交互,只要交换机和控制器之间建立了连接,就可以互相传递一些信息。此时,可以用 Wireshark 抓包工具查看 OVS 交换机向控制器发送的信息。相关内容可以参考 Wireshark 的实验说明。当控制器收到交换机发送信息时,会向交换机发送一个请求来查看本交换机支持的版本信息、交换机配置和端口号接口的硬件地址等特性。交换机收到该请求后就响应控制器一个信息,告知控制器的特性。由于在交换机和控制器端都能看到这个消息,所以在交换机端可以用。

41

```
ovs-ofctl snoop br0
```

命令来监控控制器的 request 消息及 bridge 发送的 reply 消息。用户可以对照控制器端显示的信息和交换机端显示的信息，以便理解交换机和控制器的信息交互。

用 Wireshark 抓包确认信息正确后，代表控制器连接成功，Pica8 交换机就由普通的 L2/L3 模式变成了 OVS 模式的交换机，这就意味着禁止包的 flood 包将按照流的模式进行处理。发送的包在交换机中找不到匹配的流时就送往控制器处理。在控制器最初启动时流表是空的，所以从任何端口收到的数据包都会送往控制器处理。此时，Ryu-manager 没有加载任何处理 OFPT_PACKET_IN 消息的应用程序，所以在控制器的界面上会看到很多未处理的事件打印到控制台上。也就是说，Ryu 和交换机之间的通信已经准备好了，可以随时安装应用程序来处理 packet_in 信息。

⑦ Ryu 交换程序。当连接到一个没有运行任何应用过程的控制器时，个人计算机之间是无法 Ping 通的。所以，执行一个简单应用程序（simple switch application），使这个应用程序能够处理 packet_in 信息，告诉 bridge 将包 flood 到其他所有的端口。在做法上，在目的主机接收到请求时，就会回复自己的 MAC 地址。此时，这个简单的应用建立了一个从源端口到正确的目的端口的流表。用下面的命令来加载应用程序。

```
ryu-manager --verbose simple_switch.py
```

执行应用程序后，屏幕打印的消息没有变，之后交换机会把收到的数据报文以 packet_out 的方式 flood 到交换机的各个端口。然后，从 3 端口向 4 端口发送信息，这个消息是由连接在 3 端口上的计算机主机 Ping 连接在 4 端口上的计算机主机时发送的。由于控制器不知道该计算机主机的 MAC 地址，控制器发送指令给交换机，将接收到的这个消息 flood。当连接到 4 端口上的计算机主机收到这个请求消息时，回复一个带有自己 MAC 地址的 reply 消息，控制器收到这个 reply 消息后会匹配 3 端口的目的 MAC，然后发送一个 OFPT_FLOW_MOD 消息，创建一个从 4 端口到 3 端口的流到流表中。重复相同的过程，就可以建立起从 3 端口发往 4 端口的流。使用

```
ovs-ofctl dump-flows br0
```

命令，可以看到控制器向交换机下发了两条流。可以用 del-flows 命令删除这些流。当在交换机上删除这两条流以后，交换机就会发送 "OPEN_FLOW_REMOVED" 移除消息通知控制器。同时，开始 Mac 地址学习过程。此时，若又有报文发送到控制器，这两条流就会被创建。用户可以查看流表验证控制器的行为。到目前为止，Ryu 控制器已经和 OVS 系统结合在一起，而且在控制器上运行一个简单的应用程序。

下面列出 OpenFlow 的消息类型和 Ryu 应用中 OVS 命令的参考内容。

① OpenFlow 的消息类型。

```
# enum ofp_type
OFPT_HELLO = 0 # Symmetric message
OFPT_ERROR = 1 # Symmetric message
```

```
OFPT_ECHO_REQUEST = 2 # Symmetric message
OFPT_ECHO_REPLY = 3 # Symmetric message
OFPT_VENDOR = 4 # Symmetric message
OFPT_FEATURES_REQUEST = 5 # Controller/switch message
OFPT_FEATURES_REPLY = 6 # Controller/switch message
OFPT_GET_CONFIG_REQUEST = 7 # Controller/switch message
OFPT_GET_CONFIG_REPLY = 8 # Controller/switch message
OFPT_SET_CONFIG = 9 # Controller/switch message
OFPT_PACKET_IN = 10 # Async message
OFPT_FLOW_REMOVED = 11 # Async message
OFPT_PORT_STATUS = 12 # Async message
OFPT_PACKET_OUT = 13 # Controller/switch message
OFPT_FLOW_MOD = 14 # Controller/switch message
OFPT_PORT_MOD = 15 # Controller/switch message
OFPT_STATS_REQUEST = 16 # Controller/switch message
OFPT_STATS_REPLY = 17 # Controller/switch message
OFPT_BARRIER_REQUEST = 18 # Controller/switch message
OFPT_BARRIER_REPLY = 19 # Controller/switch message
OFPT_QUEUE_GET_CONFIG_REQUEST = 20 # Controller/switch message
OFPT_QUEUE_GET_CONFIG_REPLY = 21 # Controller/switch message
```

② Ryu 应用中 OVS 命令参考。

```
ovs-vsctl show
ovs-ofctl show br0
ovs-ofctl dump-ports br0
ovs-vsctl list-br
ovs-vsctl list-ports br0
ovs-vsctl list-ifaces br0
ovs-ofctl dump-flows br0
ovs-ofctl snoop br0
ovs-vsctl add-br br0 -- set bridge br0 datapath_type=pica8
ovs-vsctl del-br br0
ovs-vsctl set-controller br0 tcp: 172.16.1.240: 6633
ovs-vsctl del-controller br0
ovs-vsctl set Bridge br0 stp_enable=true
ovs-vsctl add-port br0 ge-1/1/1 -- set interface ge-1/1/1 type=
pica8
```

```
    ovs-vsctl add-port br0 ge-1/1/2 -- set interface ge-1/1/2 type=
pica8
    ovs-vsctl add-port br0 ge-1/1/3 -- set interface ge-1/1/3 type=
pica8
    ovs-vsctl add-port br0 ge-1/1/4 -- set interface ge-1/1/4 type=
pica8
    ovs-vsctl add-port br0 ge-1/1/1 type=pronto options: link_
speed=1G
    ovs-vsctl del-port br0 ge-1/1/1
    ovs-ofctl add-flow br0 in_port=1, actions=output: 2
    ovs-ofctl mod-flows br0 in_port=1, dl_type=0x0800, nw_src=
100.10.0.1,
    actions=output: 2
    ovs-ofctl add-flow br0 in_port=1, actions=output: 2, 3, 4
    ovs-ofctl add-flow br0 in_port=1, actions=output: 4
    ovs-ofctl del-flows br0
    ovs-ofctl mod-port br0 1 no-flood
    ovs-ofctl add-flow br0 in_port=1, dl_type=0x0800, nw_src=
192.168.1.241,
    actions=output: 3
    ovs-ofctl add-flow br0 in_port=4, dl_type=0x0800, dl_src=60: eb:
69: d2: 9c
    : dd, nw_src=198.168.1.2, nw_dst=124.12.123.55, actions=output: 1
    ovs-ofctl mod-flows br0 in_port=4, dl_type=0x0800, nw_src
    =192.210.23.45, actions=output: 3
    ovs-ofctl del-flows br0 in_port=1
```

4.3 OpenDaylight 概述

　　2013 年年初,企业界的设备和控制器厂商(如 Cisco 和 IBM)发现 SDN 有一些缺点。例如,控制器的标准 SDN 北向 API,混合操作模式的支持,以及定义的机制(例如,能否修改 SDN 南向协议并且超越 OpenFlow)。当时的标准组织 IETF 和 ONF 都未处理此问题,所以,2013 年 2 月,OpenDaylight 项目成立了一个开放源码 SDN 控制器项目,目标是共建一个共同的控制器基础架构、应用程序的可移植性、定义标准的北向 API 和支持南向协议等。

　　此项目的崛起,投入了许多企业专业人员、经费和知识产权。未来的成果会像目前的 Linux 操作系统一样,任何厂商都可以自由地在核心基础架构上封装自己的专属产品,例如,外挂程序模块、OpenDaylight 应用程序 API 的通用性,以及产品化技术支持等。如图 4-3-1 所示,

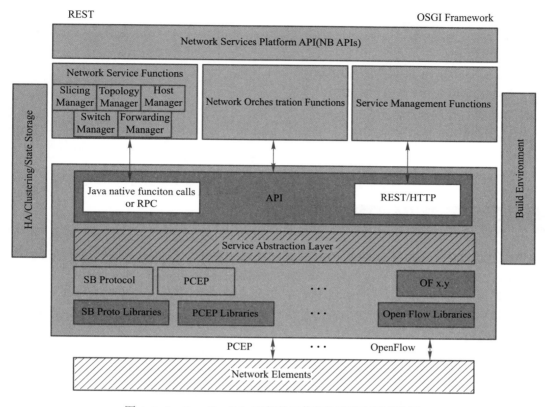

图 4-3-1　OpenDaylight 理想的运作架构和控制器架构图

OpenDaylight 架构具备模块化设计,采用 Java 语言和支持双向 REST 和 OSGi 程序设计架构,采用的技术大多是目前已经具备的技术。

通过服务抽象层(Service Abstraction Layer)机制,可以将内部和外部服务的请求对应到南向的外挂程序,并且提供更多的基本服务,这些都需要外挂程序协助完成。例如封包处理服务,它可以让 ARP 应用程序处理转送/接收特定封包类型以便进行注册,不需要知道提供或转送这些封包的外挂程序的做法与功能。其他重要的内建服务包含 PCEP、OpenFlow 和 NETCONF 等。

OpenDaylight 控制器/架构和其他新发展的控制器,已经各自明白在虚拟化基础架构中的角色,并且知道如何将统计数据收集和事件通知融入管理会话数据内。它们都会主动探索拓扑层次的任务,因为拓扑可以用来掌握新数据来源,这时候控制器/架构就需要提供 API 来支持这些数据的存取。

OpenDaylight 项目是一个属于软件定义网络(SDN)的开放源码平台。SDN 使用开放通信协议提供集中式、可程序化控制和网络装置的监视。同许多其他的 SDN 控制器一样,OpenDaylight 支持 OpenFlow,同时提供安装网络方案在此平台。操作系统提供控制接口给装置并智能地快速取得连网的最佳网络效能。

OpenDaylight 具有以下 3 个功能。

① 物理和虚拟设备的中央过程控制。

② 标准控制装置，开放式通信协议。

③ 提供高阶抽象的能力，所以有经验的网络工程师和开发人员能够建立新的应用给客制化网络的设定和管理。

OpenDaylight 与 SDN 共享的使用案例有以下 4 项。

① 集中式网络监测、管理和组织。

② 主动网络管理和运输工程。

③ 链形封包经由不同的 VM，这里称之为服务功能链（Service Function Chaining，SFC）。SFC 启动网络功能虚拟化（Network Functions Virtualization，NFV），NFC 是一个网络架构概念。

④ 云管理虚拟机和物理机器状态。

4.4　OpenDaylight 控制器的基本操作

OpenDaylight 是一款 OpenFlow 的控制器，可以与 Pica8 交换机组合使用。Pica8 交换机和 OpenDaylight 控制器组合在一起是为了提供一个开放的 SDN 平台，以便于 SDN 社区能够在一个开放的环境中用 OpenFlow 交换机来进行真正的流量测试、开发及原型验证。基于本书提供的配置，用户可以很快实现基于 OVS 命令的应用场景流量测试。由于 OpenDaylight 为开源软件，所以用户可以直接在网络上下载使用。

① 连接 OpenDaylight 控制器。OpenDaylight 软件可以在 http://www.OpenDaylight.org/software/downloads/ 下载，用户可根据安装向导安装控制器。安装完成后，需要在 /OpenDaylight/configuration/config.ini 中编辑配置文件。此时，用户可以通过下列命令启动 OpenDaylight 控制器。

```
./run.sh
```

② OpenDaylight 控制器配置 OVS。在 OVS 中，新建的 bridge 要连接控制器，需要指定控制器的 IP 地址和端口号码。使用

```
/ovs-vsctl set-controller br0 tcp: 200.16.1.240: 6633/
```

命令为 bridge br0 配置控制器的 IP。若是还未启动控制器，使用 ovs-vsctlshow 命令查看 bridge 信息时，将无法看到控制器的连接状态。

③ 重新启动 OpenDaylight 控制器。若是将 OpenDaylight 控制器运行在 IP 地址的控制器计算机，使用命令

```
./run.sh
```

可以启动 OpenDaylight 控制器。当启动控制器后，通过 ovs-vsctl show br0 命令可以查看控制器的端口信息，若信息为"is_connected：true"，代表已经启动。

④ 监控 OpenDaylight 控制器与交换机的信息收发。只要交换机和 OpenDaylight 控制器之间建立连接后，就可以互相传递一些信息。此时，可以用 Wireshark 抓包工具查看 OVS 交换机向控制器发送的信息。相关内容可以参考 Wireshark 的实验说明。当控制器收到交换机发送的信息时，会向交换机发送一个请求来查看本交换机支持的版本信息、交换机配置和端口号接口的

硬件地址等特性。交换机收到该请求后就响应控制器一个信息,告知控制器的特性。由于在交换机和控制器端都能看到这个消息,所以在交换机端可以用

```
ovs-ofctl snoop br0
```

命令来监控控制器的 request 消息及 bridge 发送的 reply 消息。用户可以对照控制器端显示的信息和交换机端显示的信息,以便理解交换机和控制器的信息交互。

用 Wireshark 抓包确认信息正确后,代表控制器连接成功,Pica8 交换机就由普通的 L2/L3 模式变成了 OVS 模式的交换机,这就意味着禁止包的 flood,包将按照流的模式进行处理。发送的包在交换机中找不到匹配的流时就送往控制器处理。在控制器最初启动时流表是空的,所以从任何端口收到的数据包都会送往控制器处理。此时,Ryu-manager 没有加载任何处理 OFPT_PACKET_IN 消息的应用程序,所以在控制器的界面上会看到很多未处理的事件打印到控制台上。也就是说,OpenDaylight 和交换机之间的通信已经完成,可以以应用程序处理 packet_in 信息。

⑤ 监控 OpenDaylight 交换程序。当连接到一个没有运行任何应用过程的控制器时,个人计算机之间是无法 Ping 通的。所以,执行一个简单应用程序(simple switch application),使这个应用程序能够处理 packet_in 信息,告诉 bridge 将包 flood 到其他所有的端口。在做法上,在目的主机接收到请求时,就会回复自己的 MAC 地址。此时,这个简单的应用建立了一个从源端口到正确的目的端口的流表。当 OpenDaylight 控制器启动后,用户可以通过控制器的 Web 界面去控制,网址为 http://10.10.50.42:8080/。

相关 OVS 命令可以参考附录。

4.5 OpenDaylight 应用实例

本节将讨论几个 OpenDaylight 的应用实例。OpenDaylight 平台(OpenDaylight Platform)实现广泛的应用和用例,提供一个通用的基础和一组强壮的服务,简称 ODL。所以,ODL 为运行商、企业与科研机构等组织带来了 SDN 和 NFV 的好处。

用例是基于已经在某个产品或者实验室环境实现或者测试过的 ODL 所部署的。目前官方 ODL 公布的用例有以下几类,这里将针对其中几类的内容做进一步说明。

① 自动服务交付(Automated Service Delivery):提供实时服务,由终端使用者或服务提供商主动控制。例如,带宽调度或动态 VPN 服务。

② 云和网络功能虚拟化(Network Functions Virtualization):敏捷服务交付在云架构下的企业或服务提供商的环境。对所有案例而言,底层经常选用 OpenStack,载体箱常常是网络功能虚拟化,简称 NFV。

③ 优化网络资源(Network Resources Optimization):动态优化网络基于负载和状态。这是运营商用例共同作为优化网络使用运输的接近实时状态、拓扑和环境。NRO 使用各种南侨通信协议(如 NETCONF、BGP-LS 或 OpenFlow),依赖底层网络。此外,下层是给电信和电缆运营商使用,上层的应用案例是给企业和财务机构使用。

④ 研究、教育和政府:高度敏捷自动化网络 – 绿地 – 大学、城市和大都市区域。这有时会涉

及物联网（IoT）。

⑤ 可见性和控制：集中式管理的网络和／或多个控制。有时被载体或企业用于网络资源优化的先导规划。

下面根据前面官方提出的用例挑选出几项进行详细说明。

1. 云和网络功能虚拟化用例

（1）概况

近几年，企业和 SMBs 以云技术作为重要工具，以提升自身的竞争力。混合云和公共云给予潜能改善商业灵活性和减少所有成本，但是它们加强了对传统网络的重大需求。云计算需要动态计算和高度的自动化设置快速改变的需求。当自动化计算和存储之后，所产生网络自动化的复杂性更甚于自实的状况，以至于阻碍大多数的云部署状态。

沟通服务提供商（CSPs）开发云技术提高了大型网络架构的可管理性和成本有效性，以便提高服务的灵活性。多数世界领导的电信和电缆运营商在网络功能虚拟化上进行合作，促进一个开启架构框架和生态系统，用来开拓用例的范围。网络功能虚拟化开启了一个既有网络架构的新视野，必须以更多的弹性来面对提升能力的需求和多样化的服务的需要。

SDN 快速地兴起并且作为动态网络架构定置云和 NFC 网络的需求。其架构的核心是 SDN 控制器，展示开放的 API 到多样的应用，多供货商支持网络装置的范围，以及网络可编程性开启智能控制和网络管理的能力。网络运营商正努力对一个开放平台支持各种用例以满足终端使用者，同时可以降低整体成本。开源软件是一个关键的启动者，激励运营商和供货商合作，有利于长期集体创新。一般来讲，可以避免局限于特定的网络。

（2）面临的挑战

如前所述，移植到虚拟网络不会没有障碍。新的网络必须容纳既有的技术基础和装置，并且提供多个供货商。选择过程必须考虑自动化开发的优点。网络管理和计划能够产生影响，作为传统的开发方法，需要完整地静态基础设施和服务，以及其他重要额外的开放源码针对计算机和储存处理网络延迟的部分。

云网络必须能进行有效的动态部署和虚拟机的管理，支持各种和改变中的工作量。企业搜寻建立私有云和混合云可以选择一种管理平台，例如 OpenStack，它是一种目前被人所熟知的开源云管理平台，以此建立虚拟供货商。OpenStack 提供开源 APIs 来支持应用和架构的范围，目前有 Neutron API 和 Neutron/Multi–Layer 2（ML–2）的网络两种。Neutron 提供相关低阶接口和不被设计来管理底层所需的云数据中心。Neutron ML2 设计用来暴露第二层的数据中心切换能力，但是目前受限于一些共同虚拟（软件）和硬件交换机。目前的企业网络相当复杂，典型的有许多技术、供货商、和产品。建立一个不同的网络给企业私有云时，对整体云架构、其他数据中心网络，以及校园 WAN 一起使用的共同开发团队、工具包和指标的管理，能够产生极大的帮助。基于这些原因，许多企业可以评估一个共同的 SDN 架构平台，来发展这些知识点和展现点对点的可见性和控制力。结果必须具有高度可调整性，并提供动态、弹性和政策基础的多供货商网络环境。

虚拟服务交付和操作需要额外的网络能力，包含虚拟网络功能（Virtualized Network Function）指向图形，通常称为服务功能链；内部区域网络，横跨服务提供商边界。许多供货商都有能力在线部署和管理多样化的 VNF。

迁移到虚拟网络上代表重大的改变,需要考虑一个架构的转型、操作和使用心态。目前,已经有许多的组织正在考虑移植到 SDN。

(3) OpenDaylight 的加入

OpenDaylight 是一个开放源码架构,可以移植到 SDN 网络架构。其可以部署到数据中心、企业和运营商网络,支持一些用例的范围。OpenDaylight 提供抽象层、可编程性和开放的方式指向智能及软件定义基础设施。OpenDaylight 开放平台可迁移既有网络到 SDN,其特性如下。

① 中立供货商平台并且支持工业上的运营商和供货商社群。

② 模型驱动自动准备加入,支持存在装置经由标准和专有管理接口。

③ SDN 支援 OpenFlow、OVSDB、NETCONF 和 LISP 等。

④ 基于意图的北向接口的架构可用于支持一些应用范围。

⑤ 提供开放生态系统内的一组产品和以 OpenDaylight 为基础的网络应用和服务。

企业可以利用 OpenDaylight 来控制和管理它们的数据中心网络支持云部署。尽管 OpenStack 广泛地支持 OpenDaylight,但是 OpenDaylight(如图 4-5-1 所示)在克服挑战之前需要先被建成,其具有以下几个特征。

① 支持 Neutron API 和 ML2 插件。

② 意图为基础北桥的北向接口,适用于广泛的应用范围。

③ 内置的网络服务,包括网络虚拟化、覆盖的支持、传统的交换和路由,以及策略管理等。

④ 服务抽象层(SAL),能够随时添加传统 SDN 功能设备并且支持。

⑤ 可用于插件 OVSDB、OpenFlow、NETCONF 协议,以及一系列专有的交换机和路由器。

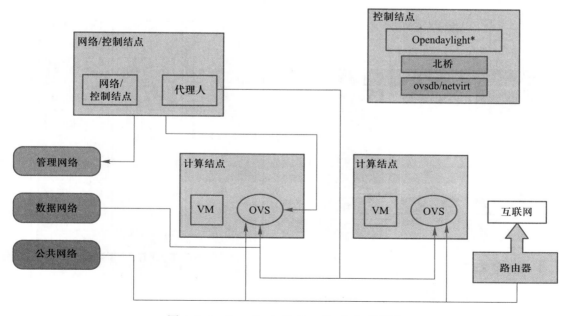

图 4-5-1 OpenStack 和 OpenDaylight 的整合

OpenDaylight 架起了一座桥梁,用以连接现有的网络到开放的 SDN 架构,使其顺利地过渡到云计算。一个开放的平台提供一套通用的管理工具,以避免 SDN 和云仓同时提供现有具备 SDN 功能的设备,同时支持以接口的方式和模型驱动的方法来添加新设备。

OpenDaylight 也支持范围覆盖技术,包括 OpenFlow、2 层和 3 条隧道等与现有网络互通,并且提供安全的点到点连接,服务于现有的基础设施和广域网(WAN)。

(4) OpenDaylight 为 NFV 开放平台提供基于 SDN 的控制(OPNFV)

OpenDaylight 也逐渐地被电信运营商(CSP)采纳而部署 NFV。电信运营商试图部署 SDN 和 NFV,一直在尝试并且进行一系列的 ETSI NFV 概念验证(POCS)。例如,NFV PoC #19 在运营商网络的网络功能服务加速 OpenDaylight SDN,在 OpenStack 展示 VNF 的部署和服务链接的方式。AT&T 主办的 POC 涉及多个供应商的交换机和软件。

OpenDaylight 选择一个关键的底层平台技术作为 NFV 开放平台(OPNFY)的开源项目,由 Linux 基金会管理。如图 4-5-2 所示,几个运营商和供应商合作,在 OPNFY 参考平台为了验证 NFV 概念,集成开源码以便最终能够加速 NFV 的部署。图 4-5-2 描述了当前 OPNFY 的版本,并且运行在 OpenStack 和 OpenDaylight 上,额外的开放源代码能够支持物理和虚拟的基础设施。OpenDaylight 之所以能够进行 OPNFY,是因为其拥有以下 6 点特征。

① 厂商中立的开放平台。

② 基于意图的北向接口能够与多个业务流程系统集成。

③ 域间的连通性覆盖支持。

④ 内置的网络虚拟化和服务功能的链接。

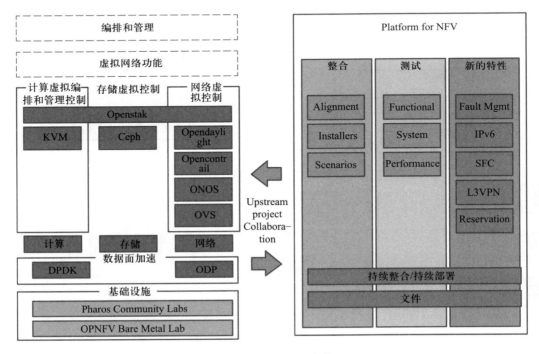

图 4-5-2　OPNFV 架构

⑤ 用模型驱动的方法来支持一系列现有的设备和技术。

⑥ 政策管理支持。

(5) 案例

① 中国移动(CMCC) NovoNet。中国移动是世界上最大的服务提供商之一,截止到 2014 年,有超过 800 万的用户。预计到 2020 年,NovoNet 将会以 SDN 和 NFV 为基础网络版本的移动网络公司。中国移动计划提供一个虚拟私有云服务(Virtual Private Cloud Service),在它们的 NovoDC 架构下将包括 OpenDaylight。

② HPE openSDN 控制器。HPE openSDN 控制器采用基于 OpenDaylight 的分布式 SDN 结构,能使网络运营商建立在传统的网络服务抽象层上的服务,服务内容包括以下 4 点。

- 快速添加新的应用程序和网络服务。
- 提供服务定制每个用户的流量。
- 提高网络效率。
- 提高网络管理和用户的可见性。

2. 优化网络资源的用例

(1) 概况

在移动计算过程中,当流量快速增长时,网络基础设施将会是一个显著的挑战。串流媒体的视频和音频,属于云计算的服务。单纯地添加更多的硬件和提高团队管理往往不是一种最好的选择。企业和服务提供商以投资者的角度期望做有效的投资,因此,网络运营商一直积极地确保它们的网络效能,以期待最高的投资回报。

企业和服务提供商正在转向 SDN 改善其基础设施和运营的效率。通过集中控制,提供前所未有的智能性和开放性,SDN 可以为网络运营商提供工具来优化它们的基础设施。

(2) 面临的挑战

提高和优化网络性能的网络,是一直存在的挑战性问题。无论使用什么技术,由谁部署,网络的第一条规则始终是经济学。利润是成线性成倍增加的,网络效率和网络优化都希望最大化。而带宽和延迟具有高优先权,运营商和它们的用户同样寻求优化成本、网络弹性,以及其他 QoS 指标横跨异质性网络的技术和设备。网络优化过程最昂贵的是带宽,同时也是特别重要的,包括广域网(企业和云服务提供商)、海底网络和运输网络(运营商)。一些运营商已经能够从头开始,在它们现有的基础设施上自行投入大量资金做改善,利用大量投资与时间对现有的网络进行发展和管理,发展可行的网络资源优化的解决方案。所以,需要使运营商获得更多现有的基础设施,加上新的创新模式即可行。一个好的网络资源优化解决方案应该具有以下 6 个特点。

① 一系列的参数优化能力,如带宽、延迟、成本和可用性等。

② 有能力执行一系列的优化算法。

③ 强大的拓扑结构和网络的状态,如多层拓扑(运营商网络)。

④ 支持不同的技术和应用。

⑤ 政策执行。

⑥ 能力,如非 SDN 多厂商基础设施操作启用硬件。

（3）使用 OpenDaylignt 的理由

通过维护网络拓扑和配置，以及故障和性能状态，OpenDaylight 提供了一组丰富的基本和扩展网络服务的网络资源优化（NRO）。大企业可以用 NRO 的算法，利用 OpenDaylight 集中式的网络状态分析政策效益，实现横跨异质性基础设施的需求。在载体实现多层控制的光纤网络中提升 OpenDaylight 优化带宽利用率、保护带宽，并且能够在动态服务环境下进行服务配置。OpenDaylight 使运营商能够实现 SDN，通过提供一个开放的 SDN 平台与潜力，拥有以下 6 项特性。

① 模型驱动的服务抽象层（Model-Driven Service Abstraction Layer）。利用工业标准特殊模型映像到网络应用，并且提供给准备支持的底层装置。

② 模块插件的南向接口。即控制器到设备，在方法上经由与标准的网络管理接口来支持 BGP、PCEP、OpenFlow，以及其他的接口和设备。

③ 基于意图的北向接口。即网络应用接口控制器，显示出 SDN 功能多样化的网络应用，作为抽象的底层基础设施的内容。

④ 随时支持具备专用和可扩展性质的网络服务。包括路径计算、资源管理和虚拟分析。

⑤ 多物理域的内置机制政策执行。

⑥ 广泛的工业上的认可。包括任何控制器对所有的社群。

为了使运营商能够混合和匹配网络应用和设备，OpenDaylight 提供了一个强大的平台自动化和操作的智能服务，同时使运营商依照自己的状态迁移到 SDN。

（4）案例——终端用户

① 腾讯数据中心互连（DCI）。作为一个在中国互联网服务领域的领先供应商，对于腾讯集团来说，在竞争激烈的消费环境中，降低成本是至关重要的，特别是对于 WAN。腾讯开发了一个基于 OpenDaylight 控制器优化带宽利用率的技术，使其庞大的数据中心之间提供服务的效能得以提高。

② 中国移动 Novo 网。中国移动是世界最大的通信运营商之一。预计到 2020 年，NovoNet 将会成为以网络应用为主的移动网络公司。一个重要的案例应用于交通优化，包含"自我规定（ING）、自我管理、智能交通调度和实时的意识"，如图 4-5-3 所示进一步说明重要软件定义网络用例的各种使用情境。

（5）案例——多层传输控制器解决方案

这里介绍一个关键的 SDN 用例，属于电信工业的运输型——SDN，主要集中在地铁和长途连接控制光纤网络基础设施。一些主要的原始设备制造商已经开发出具有 OpenDaylight SDN 控制器来控制多层基础设施的设备。

① 爱立信 SDN 控制器。爱立信的运输型——SDN 产品。提供一个点到点的抽象网络资源和拓扑结构，优化资源配置，使网络工程能在 IP 层和光纤层运行，如图 4-5-4 所示。

② 富士通 Virtuora 数控网络管理与控制平台。建立在一个开源的平台上，Virtuora 数控提供一组应用程序和接口，启动虚拟网络的控制和管理中心框架。

③ HPE ContextNet。HPE ContexNet 是基于 OpenDaylight 的分布式 SDN 结构，能利用成熟的虚拟化和网格计算技术。

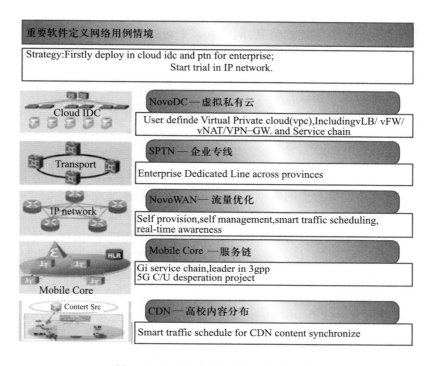

图 4-5-3 重要软件定义网络用例情境

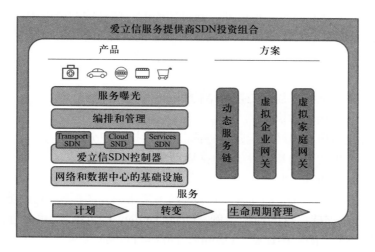

图 4-5-4 爱立信服务提供商 SDN 投资组合

3. 可见性和控制使用案例

（1）概况

在 SDN 社群内分享重要的控制信息，网络管理平台的转型就相对比较重要。SDN 提供巨大的潜力，在提高敏捷性的同时降低成本，在广泛的使用案例中得到实证。然而，管理虚拟、物理和混合网络，在不同的应用环境里，将多个供应商提供的硬件结合在一起是非常不容易的。通过实现自动化、前所未有的智能和域的观点，SDN 具有提供变换网络管理的能力，不超过服务交付的使用范围。这些特质已经强化安全管理，属于 SDN 架构的优点。在过去已经有极大的突破，网络和安全管理能有效地创建一个中立供应商与多厂商的环境。

（2）面临的挑战

传统的 FCAPS（故障、配置、计费、性能和安全）管理已经具备嵌入在硬件的能力。首先面临的挑战是，网络管理在不同平台上的差别很大，很多时候只能通过专有的管理界面、管理信息库（MIB）和 API 来管理。在模型驱动的自动化进展，促使厂商采用 Yang（RFC 6020）建模语言和 NETCONF 协议（RFC 6241）建立管理信息建模和控制的通用模型和协议。随后对一个通用的网络管理系统（Network Management System）所管理的多个设备实现已经精简的过程，专有的边界从界面管理转移到网络管理系统。另一个挑战是，网络管理基于物理对象范式已经发展超过 10 年。

管理作业是典型的基于端口、子网、IP 地址和 VLAN，运营商对网络行为如何影响服务和终端用户的消费最感兴趣。例如，如果一个路由器出现故障，典型的管理系统显示链接和端口的影响，而不是用户的数量，以及可能会受到影响的服务和应用程序。同样，安全管理在传统上都是极受重视的。行动环境重塑企业 IT 部门，满足用户随时、随地、用任何设备访问他们的应用的需求，目前新一代的安全解决方案不足以确保在全球环境下使用这些服务和应用。网络安全产品像是网络管理的同行，通常针对特定领域，如 Wi-Fi、校园局域网（LANs）等，并不是很容易就被整合。介绍的虚拟网络资源属于一种更复杂的组合环境。增强的网络可视性和控制需要解决这些日益复杂的网络管理系统（NMS）和安全要求。其中的关键需求有以下几点。

① 开放平台能够弥补实体、虚拟和用户域之间的差异。
② 能够支持灵活的网络应用。
③ 在实体和虚拟领域拥有强大的拓扑结构和网络状态的范围。
④ 灵活的政策管理选项和执行。
⑤ 网络可编程化启用增强网络运营支持诊断、故障排除和分析能力。
⑥ 能够操作多个供货商的基础设施，包括启动非 SDN 的硬件。

（3）使用 OpenDaylight 的理由

OpenDaylight(ODL)是一种用于迁移到 SDN 网络架构的开源框架。它已被部署在数据中心、企业和运营商网络上，支持广泛的使用案例。OpenDaylight 提供抽象、可编程性和开放性，用于建立一个智能与软件定义的基础设施。OpenDaylight 促进可迁移网络的 SDN 开放平台的发展，并开创了一个开放、智能的网络基础设施。SDN 和传统网络之间的基本差异是 SDN 逻辑上的集中控制模式，其基于丰富的拓扑结构和状态，使全球的多层视图跨越实体和虚拟基础设施。由于 SDN 的发展将花费数年时间而不是几个月，通过 OpenDaylight 介于传统网络管理控制模型和 SDN 架构之间桥梁的特性,提供增强的可视性和控制包括以下几点。

① 集中式拓扑结构和状态的实体和虚拟网络资源,拓展知识领域的能见度。

② 非破坏性监测能力不影响任务通信功能。

③ 模型驱动的服务抽象层。利用工业标准特殊模型图映像到网络应用程序的底层设备。

④ 南向内的模块插件。例如,控制器设备,接口与标准的网络管理接口的广泛支持的接口(即 OpenFlow),以及专有的接口和设备。

⑤ 基于意图的北桥(即应用端到控制器端)。接口显示 SDN 功能多样化的网络应用,存在于底层基础设施内。

⑥ 准备支持既有的和扩展的网络服务,支持多领域的可视性,并且分析管理虚拟和实体领域。

⑦ 内置多个机制,政策执行。

⑧ 工业接受度高。包括所属任何控制器的社群。

4. 科研、教育和政府用例

(1) 概况

研究、教育和政府网络可以从多种方式受益于 SDN。其中的价值主张和市场略有不同,包括以下 3 点。

① 高校可能需要专门的高性能网络。

② 市或区政府可以通过机器对机器的应用,提高生活质量。

③ 国家研究与教育网络(NREN)在大的地理区域可能拥有多个用例。

一个有效的解决方案可能涉及一个纯粹的基于 OpenFlow 的方式或混合方式,包括现有的协议。虽然组织(无论是服务供应商还是企业)可以增加他们现有的网络并做出新的选择,研究或其他网络往往有相对有限的结点和流量,但需要高性能和精确的控制,并且可以选择一种完全基于 OpenFlow 的解决方案。在所有情况下,一个 SDN 框架可以用集中网络控制和管理的功能,从而在服务的灵活性和可靠性方面获得巨大收益。校园或更小的网络可以为自己提供一个新方法,特别是研究机构,需要非常高的性能或是高智能和灵活的网络,例如,大学科学或计算机信息系统(CIS)需要大数据分析的电力部门。在地方政府,也开始建设"智慧城市"基础设施,SDN、物联网云和互联网(物联网),用于使城市更加宜居和可持续发展。这类应用可能需要大量的传感器在物联网应用上提供实时数据。NREN 是有效的服务提供商,致力于支持在一个国家的研究和教育团体的需要,并在某些情况下提供广泛区域的网络连接。NREN 拥有广域网(WAN),必须整合网络层的数据包,同时利用分析智能自动化,协调它们之间的光纤传输层和软件层的网络操作。NREN 可以从自动化的服务交付和网络资源优化取得效益,使喜欢它们的商业同行拥有更多的自由,可以从一个新建的视角观察这些问题。

(2) 面临的挑战

校园网络所面临的主要挑战是成熟的创新。这些变化比传统的解决方案提供了更大的灵活性和性能。它要求应用程序在需要改进性能、可靠性和安全性的同时,还需要对现有的传统硬件网络连接进行保护。在不同的硬件技术和协议抑制无缝连接的目标下,地方政府网络存在类似的问题。管理一个智能城市成千上万的传感器都需要中央控制并且需要将不同的网络的融合在一起。此外,智慧城市是由各种各样的动态应用程序组成的,需要访问地理上分散的信息源。此外,每个服务在带宽和可用性方面有其自身的特定需求、时延等 QoS 参数。最后,NREN 需要提高网络监测和弹性,降低服务管理的运营成本,改善恢复时间,并提供更有效地使用它们的网络能力。

(3) 使用 OpenDaylight 的理由

由于 OpenDaylight(ODL)是一个提供解决研究上独特问题的网络平台。科研和教育的创新需要 ODL,藉由全球网络的流量工程和安全实施建议,ODL 可以成为系统的基础。以云计算应用程序的形式,管理虚拟计算、存储、和网络硬件。例如:新建校园的网络结构是安全的,它不受传统校园建筑设施的影响。所以,使用具有 ODL 特性的网络,可以确保其架构设计能够容纳在一个虚拟的私人网络上,不同于一般网络的高性能功能。ODL 提供硬件隔离和服务动态来引导信息的流动方向,藉由这些性能的提升来满足安全的需求。智能城市中的物联网应用涉及多个设备类型(固定和移动)和多个不同的网络技术,提中包括光纤、IP / MPLS、LTE、和 5G 无线网络。ODL 使用这些网络技术串连设备并且能够支持多种协议,进一步可以提升 ODL 的规模。例如:千台设备中可以同时拥有 NETCONF 和 PCEP 两种配置,彼此互相串连。它具有研究的价值和符合教育网络的需要,所以,ODL 就带宽和传输的高质量需求下,它是唯一适合发展高阶应用的网络平台。

(4) 案例

① 布里斯托尔(Bristol):一个基于 OpenDaylight 的可程序化城市。

布里斯托尔项目收集了许多关于城市生活的信息,如能源、空气质量和交通流量。因着传感器的普及,例如:安装在灯柱传感器和智能手机彼此之间能够轻易的通讯。所以,布里斯托尔提出的 SDN 解决方案,可以在既有的旧框架下管理 M2M 通信 / 物联网设备,提供比有线网络基础设施更大的灵活性和敏捷性。使用 ODL,连接到网络设备的可编程的"苍蝇",由网络管理人员提出新的要求和服务的质量。然后,数据通过门户和人类以友好的形式呈现,如地图和图表显示实时污染、行车时间、能源效率、广告组织投票的公民或娱乐故事的结果。也可以点击 ODL 的组件来看其中的内容,包涵带宽的容量,以确保所选的用户,例如:"英国广播公司"正在使用的带宽位置与容量,然后提供用户自行选择是否增加经费支出提高带宽容量。

② 康奈尔大学:基于远程高性能校园。

康奈尔大学使用 OpenDaylight 创建了一个非常高性能的研究网络。康奈尔决定选用 OpenFlow 并且发挥其最大的灵活性,实现一个最大的 OpenFlow 网络并部署到大学。样品的初始项目包括"深度学习"项目,利用网络密集型算法,自动识别对视频播放过程的人脸做侦测并且比对内含数十亿人脸信息的数据库。ODL 控制网络所提供的带宽近 40 tbs 并且有超过 8 000 名的学生和在计算器系的教师同被侦测,已经从分离研究项目的能力并严格控制应用程序流,扩展到提供服务和支持康奈尔的其他校区和有关部门。

③ 吉安(GEANT):对 DynPaC 框架服务的带宽需求。

吉安引入 SDN 功能的骨干与需求带宽(Bandwidth on Demand)服务。该服务使用他们的 DynPaC 框架,它提供动态和使用路径计算单元自适应传输过程。DynPaC 能够有效地利用网络容量,以快速恢复的时间使链路故障过程具有弹性,降低服务管理的运营成本,并改善网络监控的实时信息的收集。

本章练习

1. 如何启动 Ryu 控制器？
2. 如何查看控制器？
3. 如何监控控制器的 request 消息及 bridge 发送的 reply 消息？
4. 如何加载应用程序？
5. OpenDaylight 具有哪些功能？
6. 用户通过什么命令启动 OpenDaylight 控制器？
7. OpenDaylight 控制器如何配置 OVS？
8. 如何重新启动 OpenDaylight 控制器？
9. 如何监控 OpenDaylight 控制器与交换机信息收发命令。
10. 当 OpenDaylight 控制器启动后，用户可以通过控制器的 Web 界面去控制，网址是什么？

第 5 章　软件下载与安装

　　本章将介绍与实验相关的软件的下载与安装方法,针对其下载过程和安装方式做进一步说明,从而使读者能够自行练习与熟悉。通过学习本章知识,需要掌握以下几个知识点。

　　1. 在不同的操作系统上安装 VMware Workstation。

　　2. 安装 Mininet 执行码。

　　3. 安装 Mininet 开源码。

　　4. 安装和运行 Wireshark。

　　5. 安装和运行 PuTTY。

5.1 概述

对初学者而言,软件安装仍有些难度,本章介绍由外而内的安装,按照顺序依次安装 VMware Workstation、Ubuntu、Mininet、Wireshark 和 PuTTy 等软件。

VMware Workstation 是 VMware 公司的一款商业软件。该工作站软件包含一个用于英特尔 x86 兼容计算机的虚拟机套件,允许用户同时建立和执行多个 x86 虚拟机。每个虚拟机可以执行其安装的操作系统,例如,Windows 和 Linux 等及其衍生版本。也就是说,VMware Workstation 允许一台真实的计算机在一个操作系统中同时开启并执行数个操作系统。本章会在 VMware Workstation 模拟环境下安装相关软件,一方面让读者可以自行安装与移除,另一方面可以帮助读者进行实验之前的预习和课后的复习。

Ubuntu 16.4 是本书选用的操作系统,当然,读者也可以依照个人喜好选用其他的操作系统进行安装。Ubuntu 是基于 Debian 发行版和 GNOME 桌面环境的,它每 6 个月会发布一个新版本(即每年的 4 月与 10 月),每 2 年会发布一个 LTS 长期支持版本。Ubuntu 为一般用户提供一个以自由软件建构而成的操作系统。Ubuntu 的版本命名是基于正式释出日期的,例如,Ubuntu 8.10 是指 2008 年 10 月释出 Ubuntu 的版本。VMware Workstation 下首先安装的是 Ubuntu 16.4,即 2016 年 4 月的版本,安装好操作系统以后才能继续安装相关的应用软件。

Mininet 是一个网络仿真器。它运行集结一个终端主机、交换机、路由器与 Linux 内核的仿真工作。它使用轻量虚拟方式的单一系统看起来像是一个完整的网络,运行同样的内核、系统和用户代码。Mininet 主机的运作像是一台真实的机器,用户可以用 ssh 进入和运行任意程序(包含所有已经安装在 Linux 系统内的软件)。该程序可以让用户通过封包经由虚拟的 Ethernet 接口,给予链接速度的控制。封包处理过程类似真实的 Ethernet 交换机、路由器或中间盒,给予一些列队处理。当两个程序,如 iperf 的客户端和服务器端两个程序,经由 Mininet 的处理,两台虚拟机间所量测出的效能,相对于真实的机器会比较慢。也就是说,Mininet 能够虚拟化主机、交换机、连接和控制器,使之看起来像是真实的事件。它们以软件方式建立,以取代硬件功能,同时它们的行为模式分别相似于硬件单元。通常可能建立一个类似 Mininet 的网络,然后运行相同的二进制码(Binary Code)和应用于软件或硬件平台上。

Wireshark 是一个免费开源(Open Source)的网络封包分析软件。Wireshark 的功能是截取网络封包,并且显示网络封包数据。在 GNU 公众授权条款的保障范围底下,用户可以免费取得软件与其程序代码,并且可以对其原始码进行修改及定制化。除此之外,Wireshark 是目前全世界应用最广泛的网络封包分析软件之一。使用 Wireshark 可以提供以下 4 点帮助。

① 网络管理员检测网络问题。

② 网络安全工程师检查信息安全相关问题。

③ 开发者为新的通信协议除错。

④ 普通用户学习网络协议的相关知识。

PuTTY 是一个 Telnet、SSH、rlogin、纯 TCP 及串行接口连接软件,是一个免费的、Windows x86 平台下的 Telnet、SSH 和 rlogin 客户端,其功能丝毫不比商业的 Telnet 类工具差。利用它来远程管理 Linux 十分方便,其主要优点如下。

① 完全免费。

② 在 Windows 7/Windows 8、Windows 10 和 Linux 环境下运行得都非常好。

③ 全面支持 SSH 1 和 SSH 2。

④ 绿色软件,无须安装,下载后在桌面创建一个快捷方式即可使用。

⑤ 体积很小,仅 519KB(0.67 版本)。

⑥ 操作简单,所有的操作都在一个控制面板中实现。

下面各节将进一步针对相关细节加以说明。

5.2 Windows 下安装 VMware Workstation 12 Pro

针对 VMware Workstation 12 Pro 软件,需要考虑下载地址和安装步骤。这里使用 VMware Workstation 12 Pro 虚拟机软件中文版(含序列号)免费版本,说明如下。

1. 下载地址

可以在浏览器中输入下列链接来取得软件。

https://download3.vmware.com/software/wkst/file/VMware-workstation-full-12.0.0-2985596.exe。

2. 安装步骤

下载完成后,可以依照下列步骤来安装软件。

① 双击 VMware Workstation 12 Pro 图标,打开应用程序,如图 5-2-1 所示。

② 单击"下一步"按钮,如图 5-2-2 所示。

图 5-2-1 VMware 图标

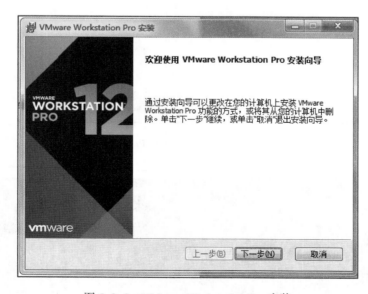

图 5-2-2 VMware Workstation Pro 安装

③ 选中"我接受许可协议中的条款"复选框，然后单击"下一步"按钮，如图 5-2-3 所示。

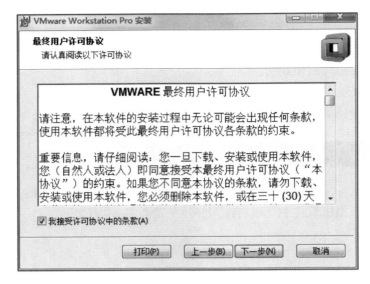

图 5-2-3　VMware Workstation Pro 接受使用条款

④ 可以改变安装位置，如图 5-2-4 所示，如果不需要更改，直接单击"下一步"按钮即可。

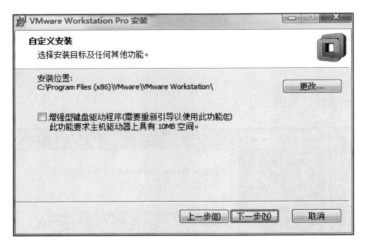

图 5-2-4　VMware Workstation Pro 自定义安装

【补充说明】
　　增强型键盘驱动程序：在虚拟机中使用增强型虚拟键盘功能。通过增强型虚拟键盘功能可更好地处理国际键盘和带有额外按键的键盘。此功能只能在 Windows 主机系统中使用。由于增强型虚拟键盘功能可快速地处理原始键盘输入，所以能够绕过 Windows 按键处理和任何尚未出现在较低层的恶意软件，从而提高安全性。直接单击"下一步"按钮即可，不需要特别加以选择。

⑤ 在接下来出现的界面中直接单击"下一步"按钮,如图 5-2-5 和图 5-2-6 所示。

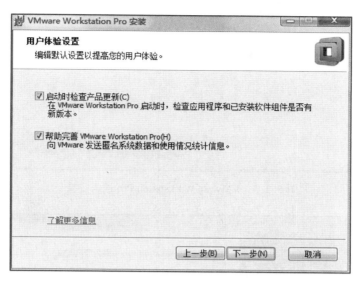

图 5-2-5 VMware Workstation Pro 用户体验设置

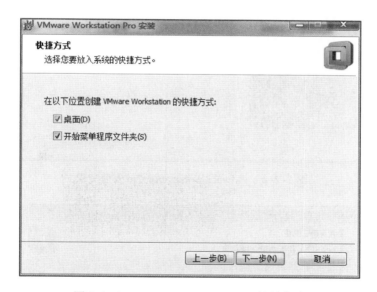

图 5-2-6 VMware Workstation Pro 快捷方式

⑥ 单击"安装"按钮,如图 5-2-7 所示。

⑦ 至此,主体安装已完成,注意不要单击"完成"按钮,而是单击"许可证"按钮。如图 5-2-8 所示。

⑧ 输入序列号,如图 5-2-9 所示。永久序列号为"5A02H-AU243-TZJ49-GTC7K-3C61N"。

⑨ 至此,全部完成安装,如图 5-2-10 所示。

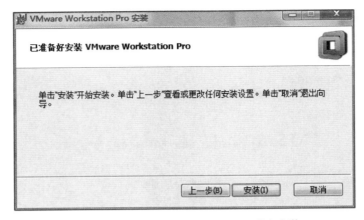

图 5-2-7　VMware Workstation Pro 进入安装

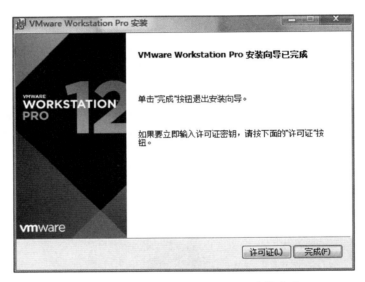

图 5-2-8　VMware Workstation Pro 安装完成

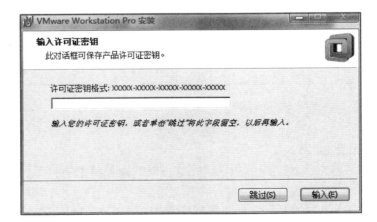

图 5-2-9　输入序列号

图 5-2-10　完成安装

5.3　VMware 下安装 Ubuntu 16.4

　　Ubuntu 是安装在虚拟机内的软件,也是操作系统。Ubuntu 16.4 虚拟机的安装说明如下。本书使用的是 Ubuntu Linux 16.4 iSO 版本。

1. 下载地址

　　按照计算机硬件的不同分为 64 位系统和 32 位系统两种。
　　① 64 位系统。其链接如下。
　　http://releases.ubuntu.com/16.04/ubuntu-16.04-desktop-amd64.iso
　　② 32 位系统。其链接如下。
　　http://releases.ubuntu.com/16.04/ubuntu-16.04-desktop-i386.iso
　　这里使用的是 32 位系统。

2. 安装步骤

　　具体的安装步骤如下。
　　① 下载所需版本的软件。
　　② 双击 VMware Workstation Pro 快捷方式图标,如图 5-3-1 所示,显示如图 5-3-2 所示的窗口。
　　③ 单击"创建新的虚拟机"图标。如果是新手,不懂得如何配置虚拟机,可直接选择"典型(推荐)"单选按钮,如图 5-3-3 所示。
　　④ 单击"下一步"按钮,在弹出的对话框中选择"安装程序光盘映像文件"单选按钮,选择 ISO 模式,如图 5-3-4 所示。

图 5-3-1　快捷方式图标

图 5-3-2　开启 VMWare

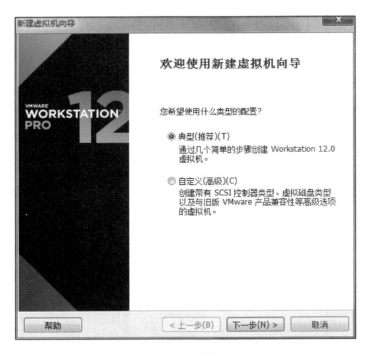

图 5-3-3　新建虚拟机

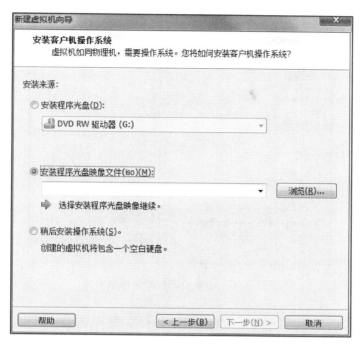

图 5-3-4　安装客户机操作系统

⑤ 单击"浏览"按钮,如图 5-3-5 所示。

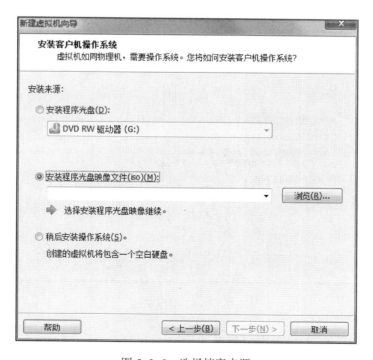

图 5-3-5　选择档案来源

⑥ 选择 ubuntu-14.04.4 文件并单击"打开"按钮,如图 5-3-6 所示。

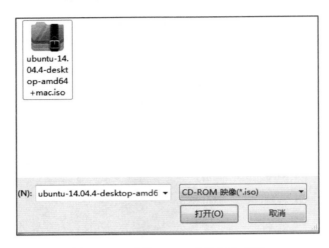

图 5-3-6　选择 ubuntu 安装版本来源

⑦ 当新建虚拟机向导检测到支持简易安装的操作系统后,将会提示用户提供有关客户机操作系统的信息。创建虚拟机后,将自动安装客户机操作系统和 VMware Tools,如图 5-3-7 所示。

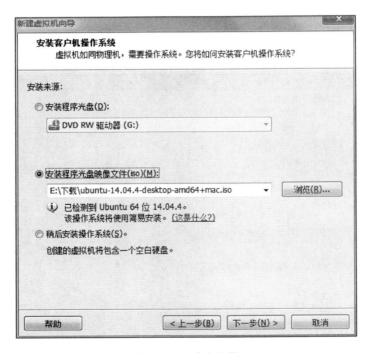

图 5-3-7　确定安装

⑧ 单击"下一步"按钮,显示安装信息,如图 5-3-8 所示。在其中填写个人用户信息(可随意填写)。

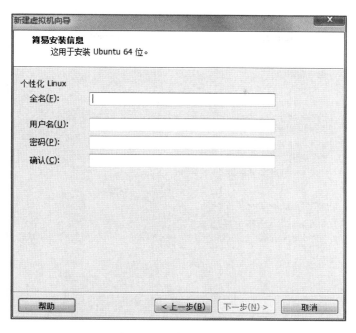

图 5-3-8 简易安装过程

⑨ 单击"下一步"按钮,命名虚拟机。自行定义所需名称,单击"浏览"按钮,可更换虚拟系统安装地点,如图 5-3-9 所示。尽量不要把大型文件放在 C 盘(系统盘),否则计算机会越来越卡,应放在硬盘空余空间比较多的硬盘中。

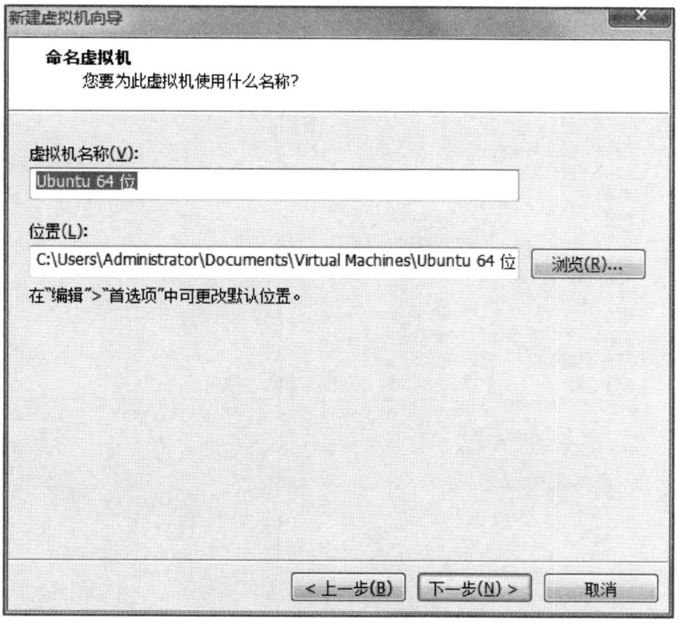

图 5-3-9 命名虚拟机

⑩ 单击"下一步"按钮,设定磁盘容量,如图 5-3-10 所示。

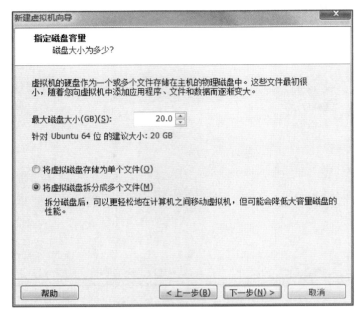

图 5-3-10　设定磁盘容量

⑪ 单击"下一步"按钮,若用户会调配的话,可以自定义硬件,定义硬件如果配置过高就会影响到本机,如果不清楚直接单击"完成"按钮即可,如图 5-3-11 所示。

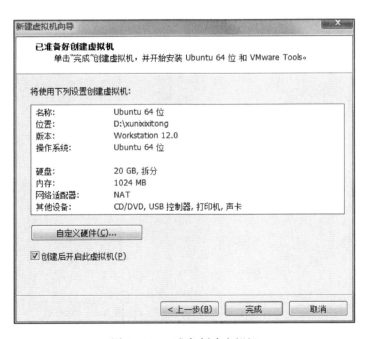

图 5-3-11　准备创建虚拟机

⑫ 自动开始安装，如图 5-3-12 和图 5-3-13 所示。

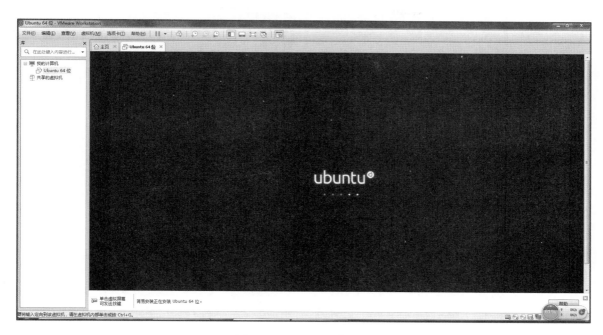

图 5-3-12　显示开启界面

图 5-3-13　进入安装界面

⑬ 安装成功。输入之前创建的密码，安装完成后还应将界面文字更改成中文，所以仍需要切换，如图 5-3-14 和图 5-3-15 所示。

⑭ 虚拟机设置。在"jifang001"虚拟机右侧选择"编辑虚拟机设置"选项，如图 5-3-16 和图 5-3-17 所示。

图 5-3-14　登录界面

图 5-3-15　进入操作系统

图 5-3-16　虚拟机设置

图 5-3-17　硬件内容设置

⑮ 选择"网络适配器"选项,如图 5-3-18 所示。

⑯ 设置为共享主机,如图 5-3-19 所示。

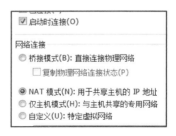

图 5-3-18　网络适配器　　　　　　　图 5-3-19　网络连接状态

⑰ 单击"确定"按钮后,重启系统。如果还是没办法上网,就换个模式试一下。重启后选择"System Settings"系统设置,如图 5-3-20 所示。

⑱ 选择"Language Support"选项,如图 5-3-21 所示。

图 5-3-20　系统设置　　　　　　　　　图 5-3-21　设置语言

⑲ 单击"Install/Remove Languages"按钮,在打开的界面中添加中文,如图 5-3-22 所示。

图 5-3-22　简体中文

⑳ 单击"Apply"按钮,开始安装,如图 5-3-23 所示。

㉑ 选择"汉语(中国)"选项并用鼠标拖曳至最前排。然后单击"Apply System-Wide"按钮,最后单击"Close"按钮,如图 5-3-24 和图 5-3-25 所示。

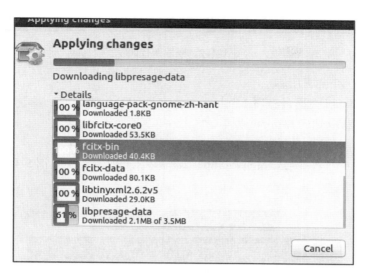

图 5-3-23 单击安装

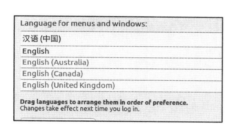

图 5-3-24 设定汉语

图 5-3-25 设定 Apply System-Wide

5.4 Ubuntu 下安装 Mininet

本章前面已经介绍过 Mininet 的基本知识,下面将通过实际操作流程逐步说明。

1. 准备工作

基于 Ubuntu 13.10 实现,在正式安装 Mininet 前,需要安装一些所需的环境,如 git,如图 5-4-1 所示。

图 5-4-1 安装所需的环境

2. Mininet 版本安装

此安装方法适用于本地虚拟机、EC2 远程和本地安装,并且适合在一个干净的 Ubuntu(或者 Fedora 的)上进行安装,不适用于从旧版本的 Mininet 或 OVS 升级。官方建议安装最新的 Ubuntu 发行版,因为它们支持新版本的 Open vSwitch。Fedora 也支持最近发布的 OVS。

(1)首先获取源代码到本机

获取源代码到本机的命令如图 5-4-2 所示。

```
1 # git clone git://github.com/mininet/mininet
```

图 5-4-2　获取源代码

（2）确认获取的 Mininet 版本

获取源代码到本机后,通过查看 Mininet 文件夹下的 INSTALL
文件,可以查看当前获取到的 Mininet 版本,如图 5-4-3 所示。

```
-# cd mininet
# cat INSTALL
```

（3）查看版本号

目前 Ubuntu 16.4 的版本均是自带 Mininet 2.3.0 以上的版本,如　　图 5-4-3　查看 Mininet 版本
图 5-4-4 所示。

```
root@ubuntu:~/mininet# mn --version
2.3.0d1

Mininet Installation/Configuration Notes
----------------------------------------
Mininet 2.3.0d1
---------------

The supported installation methods for Mininet are 1) using a
pre-built VM image, and 2) native installation on Ubuntu. You can also
easily create your own Mininet VM image (4).

(Other distributions may be supported in the future - if you would
like to contribute an installation script, we would welcome it!)

1. Easiest "installation" - use our pre-built VM image!
```

图 5-4-4　查看版本号

（4）正式安装 Mininet

从源代码树上,确认获取以后就可以安装 Mininet,如图 5-4-5 所示。

```
1 # ./util/install.sh [options]
```

图 5-4-5　正式安装 Mininet

① options 的种类说明。典型的 options 包括下面几种。

● –a:完整安装包括 Mininet VM,还包括如 Open vSwitch 的依赖关系,以及 OpenFlow
Wireshark 分离器和 POX。默认情况下,这些工具将被安装在使用者的 home 目录内。

● –nfv:安装 Mininet,基于 OpenFlow 的交换机和 Open vSwitch。

● –s mydir:在使用其他选项前,使用此选项可将源代码建立在一个指定的目录中,而不是
在 home 目录下。

② 范例。可以使用如图 5-4-6 和图 5-4-7 所示的其中一个

```
root@ubuntu:~# mn --test pingall
```

命令。

图 5-4-6　范例 1

（5）再次确认版本号

需要再次检查安装后的版本号,如图 5-4-8 所示。

3. OpenFlow1.3 通信验证

OpenFlow1.3 通信验证需要验证新版本的 Mininet 是否原生支持 OpenFlow1.3。需要注意,
仅 Mininet 生成的交换机南向接口支持 OpenFlow1.3,自带的控制器还暂不支持,所以还需要一

```
*** Creating network
*** Adding controller
*** Adding hosts:
h1 h2
*** Adding switches:
s1
*** Adding links:
(h1, s1) (h2, s1)
*** Configuring hosts
h1 h2
*** Starting controller
c0
*** Starting 1 switches
s1 ...
*** Waiting for switches to connect
s1
*** Ping: testing ping reachability
h1 -> h2
h2 -> h1
*** Results: 0% dropped (2/2 received)
*** Stopping 1 controllers
c0
*** Stopping 2 links
..
*** Stopping 1 switches
s1
*** Stopping 2 hosts
h1 h2
*** Done
completed in 3.111 seconds
```

图 5-4-7　范例 2

```
root@ubuntu:~/mininet# mn --version
2.3.0d1
```

图 5-4-8　再次确认版本号

个支持 OpenFlow1.3 的控制器才能进行验证,如 Ryu 和 OpenDaylight Helium。这里以先前介绍过的 OpenDaylight Helium 为例。进入网址 http://www.sdnlab.com/1931.html 可以获得该教程。

（1）控制 OpenFlow1.3 的命令

Mininet 连接支持 OpenFlow1.3 的控制命令,如图 5-4-9 所示。

```
1 # mn --switch ovs,protocols=OpenFlow13 --controller=remote,ip=[controller ip],port=6633

root@ubuntu:/home/ubuntu/mininet# mn --switch ovs,protocols=Ope
nFlow13 --controller=remote,ip=192.168.5.48,port=6633
*** Creating network
*** Adding controller
*** Adding hosts:
h1 h2
*** Adding switches:
s1
*** Adding links:
(h1, s1) (h2, s1)
*** Configuring hosts
h1 h2
*** Starting controller
*** Starting 1 switches
s1
*** Starting CLI:
mininet>
```

图 5-4-9　控制 OpenFlow1.3 的命令

（2）主机网络确认

该版本不像 2.1.0 修改版本那样,能在启动时打印日志上看到所用的协议版本,因此需要验

77

证南向接口是否用了 OpenFlow1.3 协议。以下是默认生成的两台主机互 Ping，如图 5-4-10 所示。

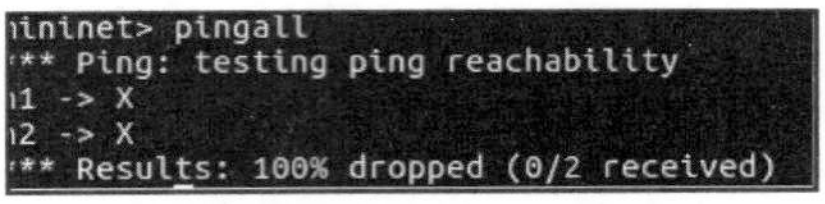

```
iininet> pingall
*** Ping: testing ping reachability
h1 -> X
h2 -> X
*** Results: 100% dropped (0/2 received)
```

图 5-4-10 主机网络确认

(3) OpenFlow 版本确认

包含输入指令方式和 Wireshark 软件方式。

① 输入指令方式。输入指令来查看交换机中的流表是否为 OpenFlow1.3 版本，如图 5-4-11 所示。

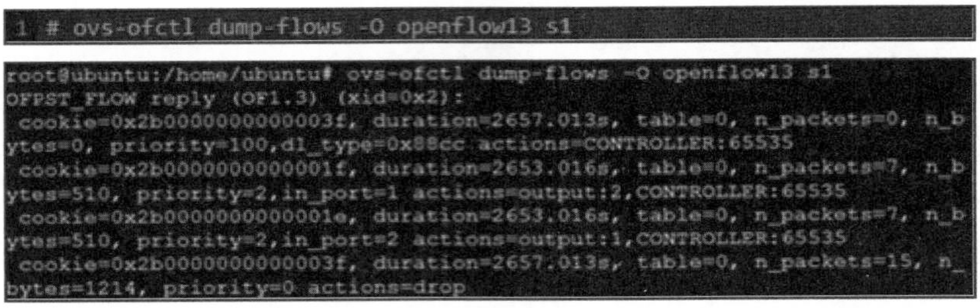

```
1 # ovs-ofctl dump-flows -O openflow13 s1
```

```
root@ubuntu:/home/ubuntu# ovs-ofctl dump-flows -O openflow13 s1
OFPST_FLOW reply (OF1.3) (xid=0x2):
 cookie=0x2b0000000000003f, duration=2657.013s, table=0, n_packets=0, n_b
ytes=0, priority=100,dl_type=0x88cc actions=CONTROLLER:65535
 cookie=0x2b0000000000001f, duration=2653.016s, table=0, n_packets=7, n_b
ytes=510, priority=2,in_port=1 actions=output:2,CONTROLLER:65535
 cookie=0x2b0000000000001e, duration=2653.016s, table=0, n_packets=7, n_b
ytes=510, priority=2,in_port=2 actions=output:1,CONTROLLER:65535
 cookie=0x2b0000000000003f, duration=2657.013s, table=0, n_packets=15, n_
bytes=1214, priority=0 actions=drop
```

图 5-4-11 输入指令来确认 OpenFlow 版本

② Wireshark 软件方式。通过 Wireshark 查看抓包，也可以看出使用的通信协议及版本号。

5.5 Ubuntu 下安装 Mininet 使用源码

本节将以源码方式安装 Mininet，使希望深入研究 Mininet 的读者可以进一步自行修改与安装。Mininet 使用源码过程的版本是 version：2.1.0+。

1. 获取 Mininet 源码

从 GITHUB 上获取 Mininet 源码，可以输入 git clone git://github.com/mininet/mininet，如图 5-5-1 所示。

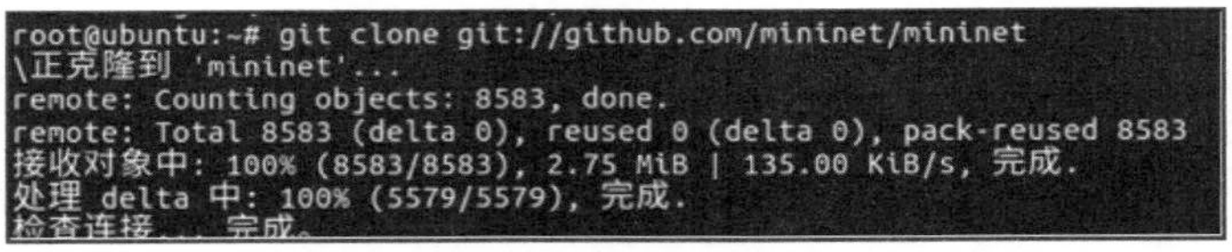

```
root@ubuntu:~# git clone git://github.com/mininet/mininet
\正克隆到 'mininet'...
remote: Counting objects: 8583, done.
remote: Total 8583 (delta 0), reused 0 (delta 0), pack-reused 8583
接收对象中: 100% (8583/8583), 2.75 MiB | 135.00 KiB/s, 完成.
处理 delta 中: 100% (5579/5579), 完成.
检查连接... 完成。
```

图 5-5-1 获取 Mininet 源码

2. 安装 Mininet

输入 sudo apt-get install git 后，可以输入 mininet/util/install.sh [options]。

(1) Mininet 相关参数

① -a：全部安装。

② -nfv：仅安装 MINIENT OPENFLOW 引用多 SWITCH 和 OPEN VSWITCH。

③ -s mydir：指定目录。

(2) 使用范例

Mininet 相关参数的使用范例如下。

① “To install everything (using your home directory): install.sh-a:” 全部安装。

② “To install everything (using another directory): install.sh-s mydir-a”:安装在 mydir 目录下。

③ “To install Mininet+user switch+OVS (using your home dir): install.sh-nfv”: 只安装 MININET User Switch OVS。

④ “To install Mininet+user switch+OVS (using another dir): install.sh-s mydir-nfv”: 在 mydir 目录下只安装 MININET USER Switch 和 OVS。

⑤ install.sh-h: 查看更多参数。使用全部安装命令 mininet/util/install.sh-a。

3. 测试 Mininet

结点之间会互相进行 Ping 操作,可以输入 sudo mn--test pingal 命令,其结果如图 5-5-2 所示。

```
root@ubuntu:~# sudo mn --test pingall
*** Creating network
*** Adding controller
*** Adding hosts:
h1 h2
*** Adding switches:
s1
*** Adding links:
(h1, s1) (h2, s1)
*** Configuring hosts
h1 h2
*** Starting controller
c0
*** Starting 1 switches
s1 ...
*** Waiting for switches to connect
s1
*** Ping: testing ping reachability
h1 -> h2
h2 -> h1
*** Results: 0% dropped (2/2 received)
*** Stopping 1 controllers
c0
*** Stopping 2 links
..
*** Stopping 1 switches
s1
*** Stopping 2 hosts
h1 h2
*** Done
completed in 6.413 seconds
```

图 5-5-2 测试 Mininet

5.6 Ubuntu 下安装和运行 Wireshark

本节将介绍在 Ubuntu 下如何安装和运行 Wireshark。

1. 安装 Wireshark

以 root 用户运行,输入 yum install wireshark 命令。

2. 运行 Wireshark

在终端中输入命令 #wireshark,如图 5-6-1 所示。

```
root@ubuntu:~# wireshark
10:11:12          Warn Could not compile "of" in colorfilters file.
"of" is neither a field nor a protocol name.
```

图 5-6-1 运行 Wireshark

(1) 出现错误讯息

输入 bash:wireshark:command not found 命令。

(2) 检查 Wireshark 的存放目录

输入 #whereis wireshark 命令,结果发现 Wireshark 存放于 /usr/lib/wireshark 和 /usr/share/wireshark 目录中,如图 5-6-2 所示。

```
root@ubuntu:~# whereis wireshark
wireshark: /usr/bin/wireshark /etc/wireshark /usr/share/wireshark /usr/share/man
/man1/wireshark.1.gz
```

图 5-6-2 检查 Wireshark 的存放目录

（3）进入 Wireshark 目录

输入 /usr/lib/wireshark 和 /usr/share/wireshark 命令，如图 5-6-3 所示。

图 5-6-3　进入 Wireshark 目录

3. 查询 Wireshark

输入 yum search wireshark 命令（搜索匹配特定字符的 rpm 包）。

4. 安装 Wireshark 的图形接口

输入 yum install wireshark-gnome.i386 命令。

5. 验证 Wireshark

输入 #whereis wireshark 命令，结果如图 5-6-4 所示。

图 5-6-4　验证 Wireshark

6. 运行 Wireshark

输入 #wireshark 命令，结果为："成功！"

7. 查看 TCP 通信包

在过滤条件中输入 tcp，单击 "Copture" 按钮，范例结果如图 5-6-5 所示。

8. 查看指定端口的包

在过滤条件中输入 tcp.port eq 7905，范例结果如图 5-6-6 所示。

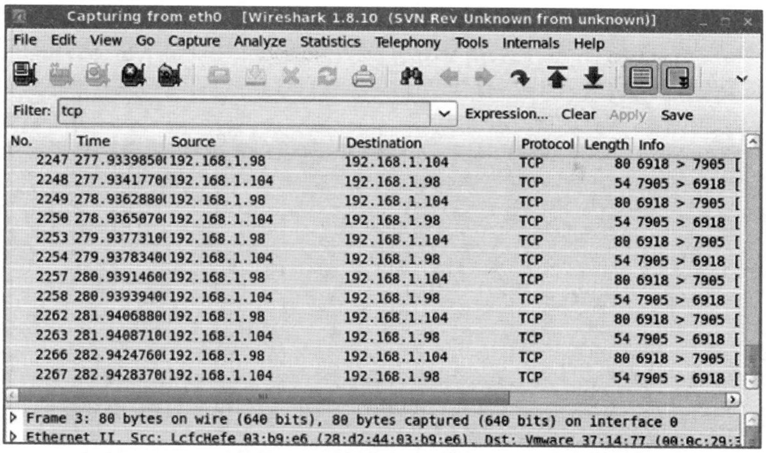

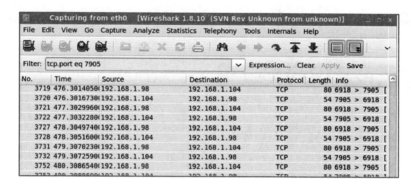

图 5-6-5 显示 TCP 通信包

图 5-6-6 查看指定端口的包

9. 查看指定 IP 的包

输入 ip.addr eq 192.168.1.104。

10. 查看指定 IP 和 PORT 的包

输入 ip.addr eq 192.168.1.104 和 tcp.port eq 7905。

【补充说明】

在 Ubuntu 12.04 下通过 apt-get 安装的 Wireshark 似乎无法启动,会弹出一个警告,可能与更换软件源有关系,通过 Ubuntu 软件中心安装 Wireshark 之后可以正常打开,但会出现提示:"There are no interfaces on which a capture can be done"。不知是否是通过 apt-get 安装造成的,那么要如何解决该问题呢? 可以通过链接 http://www.linuxidc.com/

Linux/2012–06/63580.htm 来说明。总结出以下两点。

① 创建 Wireshark 组。这一步在安装 Wireshark 时也会完成。范例如下。

$ sudo-s

groupadd-g wireshark

usermod-a-G wireshark < 自己的用户名 >

chgrp wireshark /usr/bin/dumpcap

② 赋予权限。

输入 #setcap cap_net_raw,cap_net_admin=eip /usr/bin/dumpcap 完成。可以使用 getcap/usr/bin/dumpcap 验证,输出结果应当是 /usr/bin/dumpcap=cap_net_admin,cap_net_raw+eip。

以上两步很关键,按照以上两步进行设置后,便可以正常使用 Wireshark。当输入 chgrp wireshark /usr/bin/dumpcap 再次 chgrp 后,会发现 getcap /usr/bin/dumpcap 会将之前设置的内容重置,此时需要再次重新设置一遍。

5.7　Windows 下安装和运行 PuTTy

实验过程当中还会用到 PuTTy 软件,下面逐步展示在 Windows 下安装与运行 PuTTy 的过程。PuTTy(开源 Telnet/SSH 客户端)v1.0 简体中文版的下载与安装步骤如下。

1. 下载

官方下载地址是 http://www.putty.nl/download.html。

2. 安装

本软件为绿色软件,可以直接双击使用。

3. 使用方法

设定方式如图 5–7–1 所示。

4. 首次登录

第一次登录一台主机时,会看到如图 5–7–2 所示的对话框。其中显示了使用者登录的主机密钥指纹,单击 "Yes" 按钮就会保存起来,以后将不会再弹出这个对话框,然后就可以正常登录。单击 "No" 按钮后将不保存,下次还是要提示使用者,然后也可以正常登录。如果只是临时登录一台主机,则单击 "No" 按钮。"Cancel" 按钮用于取消这次登录。

5. 处理中文乱码

如果出现如图 5–7–3 所示的情况,即说明出现了中文乱码的问题。PuTTy 的默认字体和字

图 5-7-1　PuTTy 的设定

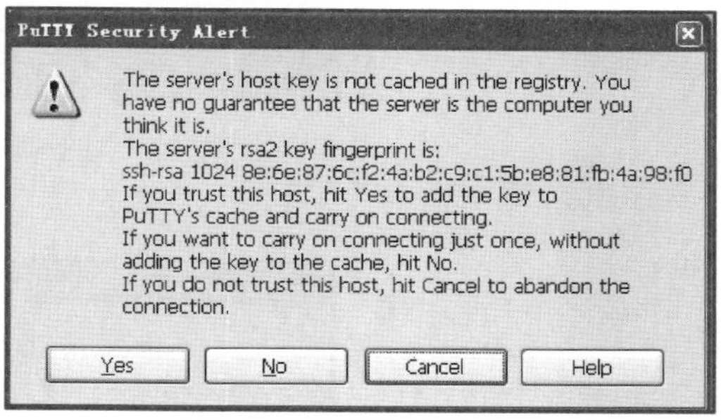

图 5-7-2　安全警示对话框

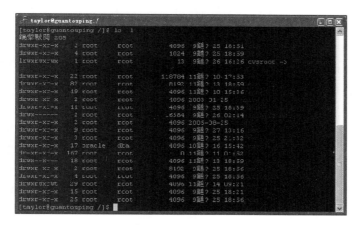

图 5-7-3　中文乱码

符集并不适合中文显示。如果发现乱码,就执行 echo $LANG $LANGUAGE 命令,看一下系统的字符集。然后,在窗口标题上右击,在弹出的快捷菜单中选择 "Change Settings" 命令,结果显示如图 5-7-4 所示。

6. 修改字符集

由于本系统的字符集是 UTF-8,所以重新返回选择字符集的那一步,选择配置窗口左边的 "Translation" 选项,在右边的 "Received data assumed to be in which character set" 下拉列表框中选择 "UTF-8",如图 5-7-5 所示。

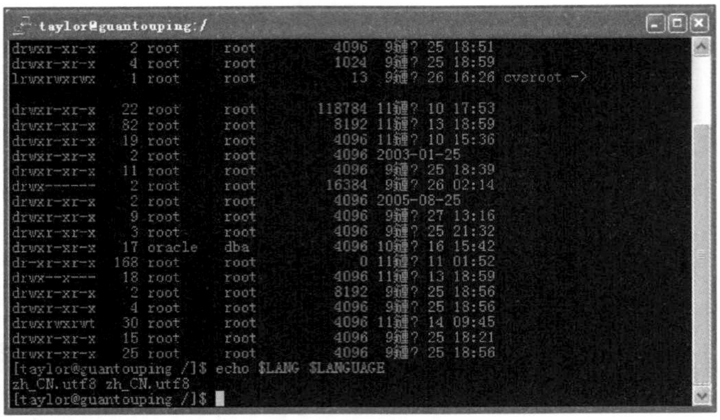

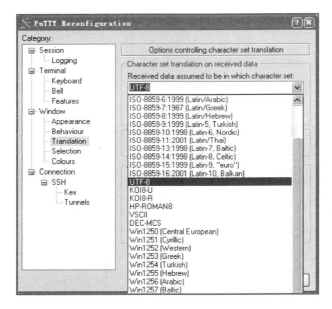

图 5-7-4　修改中文设定

图 5-7-5　修改字符集

7. 结果

这时没有信息,原因是还未设定环境参数,取得输入的信号,如图 5-7-6 所示。

8. 设定环境参数

证明没有信号源的输入,检查物理线路。设定完成后将会显示输入的信号源,如图 5-7-7 所示。

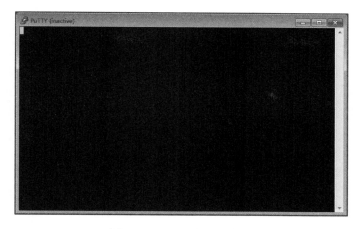

图 5-7-6　未设定环境参数

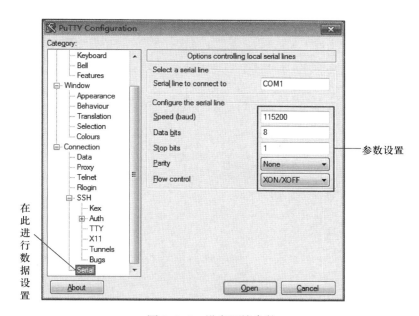

图 5-7-7　设定环境参数

本章练习

1. PuTTY 的主要优点有哪些？
2. 如何检视交换机中的流表是否为 OpenFlow1.3 版本？
3. 说明安装 Mininet 的过程。
4. 测试 Mininet。结点之间会互相进行 Ping 操作，可以输入什么指令？
5. 使用 Wireshark 可以实现哪些操作？

第6章 SDN 基础操作与应用实验

本章将针对 SDN 基础的操作与应用来实验,通过学习本章知识,需要掌握以下知识点。

1. Linux 基础操作。
2. Mininet 模拟 OpenFlow 的操作。
3. Wireshark 网络抓包工具。
4. 配置运行 SDN。
5. 传统 L2/L3 模式。
6. 混合模式。

6.1　概述

本章针对 SDN 的基础操作与应用进行实验,具体分为 5 个实验。

① Linux 基础操作实验。此实验通过介绍基础 Linux 指令的操作,帮助学习过 Linux 的读者快速复习所学内容。熟悉本实验后,可进入后续的实验操作。此外,若是已经熟悉 Linux 的读者,也可以自行跳过这个实验。

② Mininet 验证 OpenFlow 版本的实验。此实验将说明如何利用 Mininet 模拟 OpenFlow 的操作,进一步达到熟悉控制的目的。

③ Wireshark 网络抓包工具的操作实验。此实验将利用网络抓包软件 Wireshark 了解 SDN 的实际通信状态,验证 SDN 的使用状态和相关功能的应用,进一步发展进阶实验。

④ 配置运行 SDN 应用。此实验将确认 SDN 的配置运行,验证整体 SDN 的使用环境是否正确。此实验很重要,只有当 SDN 运作正常时才可能从事后续的实验与开发。

⑤ 传统 L2/L3 模式和混合模式的实验。也就是说,SDN 也可以被当作传统的交换机使用,所以它提供了切换模式的功能。或许使用者会有为什么不直接买 SDN 当作交换机使用的疑问,那就与成本有关,因为 SDN 设备远比交换机昂贵,所以不建议把 SDN 当作交换机来使用。建议教师只在课堂上操作本实验给同学看,因为一次只能操作一台 SDN 设备,要使用 SDN 功能时就需要重新设定才能恢复出厂模式。也就是说,此实验适用于管理者操作。

6.2　Linux 基础操作实验

本节介绍 Linux 操作系统的基础命令,即一定要掌握的操作指令。Linux 中有许多常用命令是必须掌握的,这是 Linux 入门时要学的一些常用的基本命令。

1. man 命令

man 是 manual(手册)的缩写。实际上,man 就是查看 Linux 系统指令用法的 help,其说明非常详细。学习任何一种 UNIX 类的操作系统,最重要的就是学会使用 man 这个辅助命令。建议需要查考指令时再去看 man,平常记住一些基本用法即可。例如,使用"#man tar-jcv"命令可以查看 tar-jcv 的使用方式,结果显示如图 6-2-1 所示。

2. cd 命令

cd 是一个基本的也是经常会使用的命令。它用于切换当前目录,其参数是要切换的目录路径,可以是绝对路径,也可以是相对路径。例如,"sudo-i"命令用于权限获取。然后,输入"cd/etc/test",才不会发生权限不够的错误。

3. ps 命令

ps 命令用于将某个时间点的进程运行情况选取下来并输出。

① ps-a:横向显示命令结果如图 6-2-2 所示。

```
TAR(1)                    BSD General Commands Manual                    TAR(1)

NAME
     tar — The GNU version of the tar archiving utility

SYNOPSIS
     tar [-] A --catenate --concatenate | c --create | d --diff --compare |
     --delete | r --append | t --list | --test-label | u --update | x
     --extract --get [options] [pathname ...]

DESCRIPTION
     Tar stores and extracts files from a tape or disk archive.

     The first argument to tar should be a function; either one of the letters
     Acdrtux, or one of the long function names. A function letter need not
     be prefixed with ``-'', and may be combined with other single-letter
     options. A long function name must be prefixed with --.  Some options
     take a parameter; with the single-letter form these must be given as sep-
     arate arguments. With the long form, they may be given by appending
     =value to the option.

FUNCTION LETTERS
     Main operation mode:

     -A, --catenate, --concatenate
          append tar files to an archive
```

图 6-2-1 man 命令结果

图 6-2-2 横向显示命令结果

② ps-A:纵向显示命令结果如图 6-2-3 所示。
③ ps-u:有效用户相关进程的显示结果,如图 6-2-4 所示。

```
jifang123@ubuntu:~$ ps -A
  PID TTY          TIME CMD
    1 ?        00:00:01 systemd
    2 ?        00:00:00 kthreadd
    3 ?        00:00:00 ksoftirqd/0
    4 ?        00:00:00 kworker/0:0
    5 ?        00:00:00 kworker/0:0H
    6 ?        00:00:00 kworker/u256:0
    7 ?        00:00:00 rcu_sched
    8 ?        00:00:00 rcu_bh
    9 ?        00:00:00 migration/0
   10 ?        00:00:00 watchdog/0
   11 ?        00:00:00 watchdog/1
   12 ?        00:00:00 migration/1
   13 ?        00:00:00 ksoftirqd/1
   14 ?        00:00:00 kworker/1:0
```

图 6-2-3 纵向显示命令结果

```
jifang123@ubuntu:~$ ps -u
USER        PID %CPU %MEM    VSZ   RSS TTY
jifang1+   2042  0.0  0.4  29784  4516 pts/11
jifang1+   2189  0.0  0.3  44440  3120 pts/11
```

图 6-2-4 有效用户相关进程的显示结果

④ ps-x:一般与 a 参数一起使用,可列出比较完整的信息,如图 6-2-5 所示。
⑤ ps-l:较长且较详细地将 PID 信息列出,如图 6-2-6 所示。

```
jifang123@ubuntu:~$ ps -x
  PID TTY      STAT   TIME COMMAND
 1439 ?        Ss     0:00 /lib/systemd/systemd --user
 1440 ?        S      0:00 (sd-pam)
 1446 ?        Sl     0:00 /usr/bin/gnome-keyring-daemon --d
 1448 ?        Ss     0:00 /sbin/upstart --user
 1561 ?        S      0:00 upstart-udev-bridge --daemon --us
 1562 ?        Ss     0:00 dbus-daemon --fork --session --ac
 1574 ?        Sl     0:00 /usr/lib/x86_64-linux-gnu/hud/wir
 1603 ?        Sl     0:00 /usr/bin/fcitx
 1613 ?        S      0:00 upstart-dbus-bridge --daemon --se
 1615 ?        S      0:00 upstart-dbus-bridge --daemon --sy
 1619 ?        S      0:00 upstart-file-bridge --daemon --us
 1624 ?        Ss     0:00 gpg-agent --homedir /home/jifang1
 1628 ?        Ssl    0:00 /usr/lib/x86_64-linux-gnu/bamf/ba
 1634 ?        Ss     0:00 /usr/bin/dbus-daemon --fork --pri
 1644 ?        SN     0:00 /usr/bin/fcitx-dbus-watcher unix:
 1648 ?        Ssl    0:00 /usr/lib/x86_64-linux-gnu/hud/hud
 1650 ?        Ssl    0:00 /usr/lib/unity-settings-daemon/un
 1657 ?        Sl     0:00 /usr/lib/gvfs/gvfsd
 1662 ?        Sl     0:00 /usr/lib/gvfs/gvfsd-fuse /run/use
 1674 ?        Ssl    0:02 compiz
```

图 6-2-5 完整信息显示结果

```
jifang123@ubuntu:~$ ps -l
F S   UID   PID  PPID  C PRI  NI ADDR SZ WCHAN  TTY          TIME CMD
0 S  1000  2042  2020  0  80   0 -  7446 wait   pts/11   00:00:00 bash
0 R  1000  2382  2042  0  80   0 -  8998 -      pts/11   00:00:00 ps
```

图 6-2-6 PID 信息的显示结果

其他相关参数如下。

- ps：一般与所使用的命令参数搭配。
- ps aux #：查看系统所有的进程数据。
- ps ax #：查看不与 terminal 有关的所有进程。
- ps-lA #：查看系统所有的进程数据。
- ps axjf #：查看连同一部分进程树的状态。

4. time 命令

time 命令用于测算一个命令（即程序）的执行时间。其使用非常简单，就像平时输入命令一样，只需在命令的前面加入一个 time 即可。

5. gcc 命令

gcc 命令用于把 C 语言的源程序文件编译成可执行程序。对于一个用 Linux 开发 C 程序的人来说，这个命令非常重要。由于 g++ 的很多参数与它非常相似，所以这里只介绍 gcc 的参数，列举如下。

① o：即 output，用于指定生成一个可执行文件的文件名称。

② c：用于把源文件生成目标文件（.o），并阻止编译器创建一个完整的程序。

③ I：增加编译时搜索头文件的路径。

④ L：增加编译时搜索静态连接库的路径。

⑤ S：将源文件生成汇编代码文件。

⑥ lm：表示标准库的目录中名为 libm.a 的函数库。

⑦ lpthread：连接 NPTL 实现的线程库。

⑧ std：用于指定使用的 C 语言的版本。

6. tar 命令

tar 命令有以下几个参数。文件名并不一定要以扩展名 tar.bz2 结尾。下面的范例主要说明使用的压缩程序为 bzip2，可加也可不加。

① tar-jcv-f filename.tar.bz2：压缩被处理的文件或目录名称。

② tar-jtv-f filename.tar.bz2：查询。

③ tar-jxv-f filename.tar.bz2–C：解压缩的目录。

图 6-2-7　处理器架构显示结果

7. 系统信息命令

需要了解的系统信息命令有 arch、uname、dmidecode、hdparm、cat、date、cal、lsusb、lspci、clear 和 sync。

图 6-2-8　处理器架构显示结果

① arch：显示机器的处理器架构，如图 6-2-7 所示。

② uname。

- uname-m：显示机器的处理器架构，如图 6-2-8 所示。

- uname-r：显示正在使用的内核版本，如图 6-2-9 所示。

图 6-2-9　内核版本显示结果

③ dmidecode-q：显示硬件系统部件，如图 6-2-10 所示。

④ hdparm。

● hdparm-i /dev/sda：错误地在磁盘上执行测试性读取操作，如图 6-2-11 所示。

图 6-2-10　硬件系统部件显示结果　　　　图 6-2-11　错误读取操作显示结果

● hdparm-Tt /dev/sda：在磁盘上执行测试性读取操作，如图 6-2-12 所示。

⑤ cat。

● cat /proc/cpuinfo：显示 CPU info 的信息，如图 6-2-13 所示。

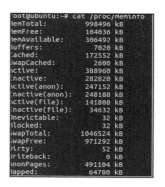

图 6-2-12　磁盘上执行测试性读取操作显示结果 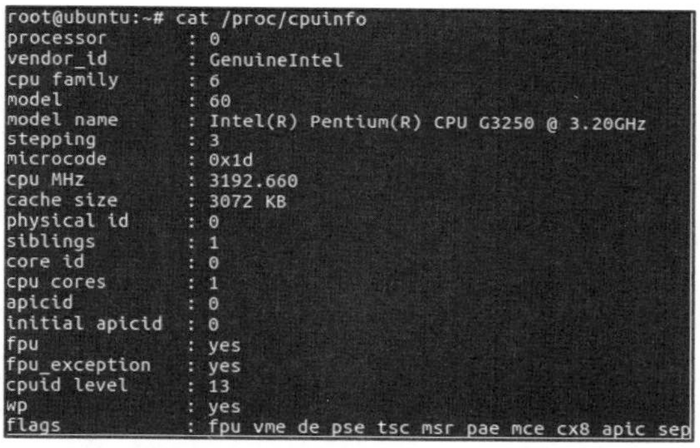　　　　图 6-2-13　CPU info 的信息显示结果

● cat /proc/interrupts：显示中断，如图 6-2-14 所示。

● cat /proc/meminfo：校验内存使用，如图 6-2-15 所示。

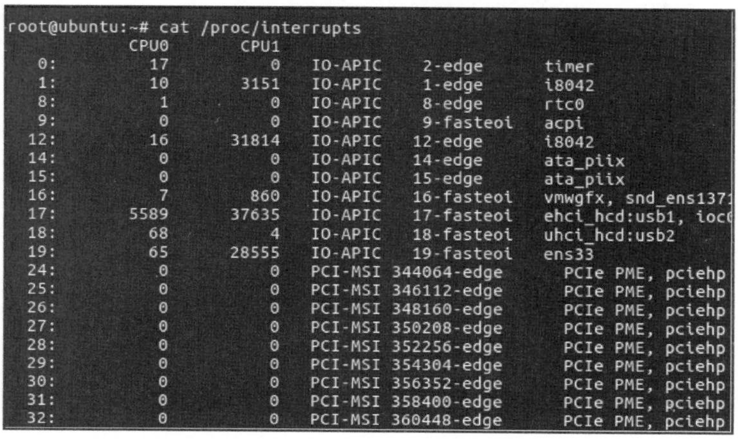

图 6-2-14　中断显示结果　　　　图 6-2-15　校验内存使用显示结果

91

- cat /proc/swaps：显示哪些 swap 被使用，如图 6-2-16 所示。

图 6-2-16 使用 swap 显示结果

- cat /proc/version：显示内核的版本，如图 6-2-17 所示。

图 6-2-17 内核版本显示结果

- cat /proc/net/dev：显示网络适配器及统计，如图 6-2-18 所示。

图 6-2-18 网络适配器及统计显示结果

- cat /proc/mounts：显示已加载的文件系统，如图 6-2-19 所示。

图 6-2-19 文件系统显示结果

⑥ lspci。
- lspci-tv：罗列 PCI 设备，如图 6-2-20 所示。
- lsusb-tv：显示 USB 设备，如图 6-2-21 所示。
⑦ date：显示系统日期，如图 6-2-22 所示。
⑧ cal。
- cal：显示日历，如图 6-2-23 所示。
- cal 2016：显示 2016 年的日历表，如图 6-2-24 所示。

```
jifang123@ubuntu:~$ lspci -tv
-[0000:00]-+-00.0  Intel Corporation 440BX/ZX/DX - 82443BX/ZX/DX Host bridge
           +-01.0-[01]--
           +-07.0  Intel Corporation 82371AB/EB/MB PIIX4 ISA
           +-07.1  Intel Corporation 82371AB/EB/MB PIIX4 IDE
           +-07.3  Intel Corporation 82371AB/EB/MB PIIX4 ACPI
           +-07.7  VMware Virtual Machine Communication Interface
           +-0f.0  VMware SVGA II Adapter
           +-10.0  LSI Logic / Symbios Logic 53c1030 PCI-X Fusion-MPT Dual Ultra
320 SCSI
           +-11.0-[02]--+-00.0  VMware USB1.1 UHCI Controller
           |            +-01.0  Intel Corporation 82545EM Gigabit Ethernet Contr
oller (Copper)
           |            +-02.0  Ensoniq ES1371 / Creative Labs CT2518/ES1373
           |            +-03.0  VMware USB2 EHCI Controller
           |            \-05.0  VMware SATA AHCI controller
           +-15.0-[03]--
           +-15.1-[04]--
           +-15.2-[05]--
           +-15.3-[06]--
           +-15.4-[07]--
           +-15.5-[08]--
           +-15.6-[09]--
           +-15.7-[0a]--
           +-16.0-[0b]--
           +-16.1-[0c]--
           +-16.2-[0d]--
           +-16.3-[0e]--
           +-16.4-[0f]--
           +-16.5-[10]--
```

图 6-2-20　PCI 设备显示结果

```
jifang123@ubuntu:~$ lsusb -tv
/:  Bus 02.Port 1: Dev 1, Class=root_hub, Driver=uhci_hcd/2p, 12M
    |__ Port 1: Dev 2, If 0, Class=Human Interface Device, Driver=usbhid, 12M
    |__ Port 2: Dev 3, If 0, Class=Hub, Driver=hub/7p, 12M
/:  Bus 01.Port 1: Dev 1, Class=root_hub, Driver=ehci-pci/6p, 480M
```

图 6-2-21　USB 设备显示结果

```
root@ubuntu:~# date
2016年 05月 19日 星期四 09:19:14 CST
```

图 6-2-22　系统日期显示结果

```
root@ubuntu:~# cal
      五月 2016
日 一 二 三 四 五 六
 1  2  3  4  5  6  7
 8  9 10 11 12 13 14
15 16 17 18 19 20 21
22 23 24 25 26 27 28
29 30 31
```

图 6-2-23　目前日历显示结果

```
jifang123@ubuntu:~$ cal 2016
                            2016
       一月                  二月                  三月
日 一 二 三 四 五 六  日 一 二 三 四 五 六  日 一 二 三 四 五 六
                1  2      1  2  3  4  5  6         1  2  3  4  5
 3  4  5  6  7  8  9   7  8  9 10 11 12 13   6  7  8  9 10 11 12
10 11 12 13 14 15 16  14 15 16 17 18 19 20  13 14 15 16 17 18 19
17 18 19 20 21 22 23  21 22 23 24 25 26 27  20 21 22 23 24 25 26
24 25 26 27 28 29 30  28 29                 27 28 29 30 31
31

       四月                  五月                  六月
日 一 二 三 四 五 六  日 一 二 三 四 五 六  日 一 二 三 四 五 六
                1  2   1  2  3  4  5  6  7            1  2  3  4
 3  4  5  6  7  8  9   8  9 10 11 12 13 14   5  6  7  8  9 10 11
10 11 12 13 14 15 16  15 16 17 18 19 20 21  12 13 14 15 16 17 18
17 18 19 20 21 22 23  22 23 24 25 26 27 28  19 20 21 22 23 24 25
24 25 26 27 28 29 30  29 30 31              26 27 28 29 30

       七月                  八月                  九月
日 一 二 三 四 五 六  日 一 二 三 四 五 六  日 一 二 三 四 五 六
                1  2      1  2  3  4  5  6               1  2  3
 3  4  5  6  7  8  9   7  8  9 10 11 12 13   4  5  6  7  8  9 10
10 11 12 13 14 15 16  14 15 16 17 18 19 20  11 12 13 14 15 16 17
17 18 19 20 21 22 23  21 22 23 24 25 26 27  18 19 20 21 22 23 24
```

图 6-2-24　2016 年日历显示结果

⑨ clear：清除全屏信息。

⑩ sync：数据同步写入磁盘。输入 sync，那些存在于内存中且尚未被更新的数据就会被写入硬盘中。所以，这个指令在系统关机或重新启励之前需要执行，如图 6-2-25 所示。该命令十分重要。

```
jifang123@ubuntu:~$ sync
```

图 6-2-25　sync 数据同步写入磁盘

8. 关机指令

针对系统的关机、重启和注销。

① shutdown-h now：关闭系统。

② init 0：关闭系统。

③ telinit 0：关闭系统。

④ shutdown-h hours：minutes &：按预定时间关闭系统，如图 6-2-26 所示。

```
jifang123@ubuntu:~$ shutdown -h 20:25
Shutdown scheduled for 三 2016-05-18 20:25:00 CST, use 'shutdown -c' to cancel.
```

图 6-2-26　预定时间关闭系统显示结果

⑤ shutdown-c：取消按预定时间关闭系统。

⑥ shutdown-r now：重启：①。

⑦ reboot：重启 ②。

⑧ logout：注销。

9. 文件和目录指令

① pwd：显示工作路径，如图 6-2-27 和图 6-2-28 所示。

```
jifang123@ubuntu:~$ pwd
/home/jifang123
```

```
root@ubuntu:~# pwd
/root
```

图 6-2-27　工作路径 /jifang123 显示结果 　　　图 6-2-28　工作路径 /root 显示结果

② ls：查看目录中的文件，如图 6-2-29 所示。

③ ls-F：查看目录中的文件，如图 6-2-30 所示。

```
jifang123@ubuntu:~$ ls
Documents        home      模板  图片  下载  桌面
examples.desktop 公共的  视频  文档  音乐
```

```
jifang123@ubuntu:~$ ls -F
Documents/        home/      模板/  图片/  下载/  桌面/
examples.desktop 公共的/  视频/  文档/  音乐/
```

图 6-2-29　目录中的文件显示结果 1 　　　图 6-2-30　目录中的文件显示结果 2

④ ls-l：显示文件和目录的详细资料，如图 6-2-31 所示。

⑤ ls-a：显示隐藏文件，如图 6-2-32 所示。

⑥ ls *[0-9]*：显示包含数字的文件名和目录名。

⑦ tree：显示文件和目录由根目录开始的树结构，如图 6-2-33 所示。

⑧ lstree：显示文件和目录由根目录开始的树结构（未实现）。

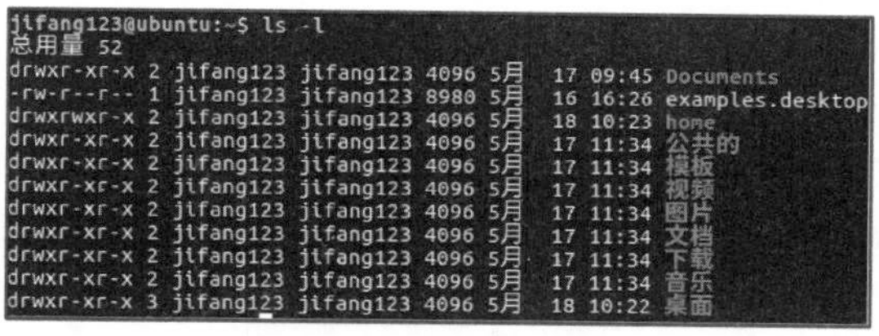

图 6-2-31　文件和目录的详细资料显示结果　　　　　图 6-2-32　隐藏文件显示结果

⑨ mkdir dir1：创建一个名为"dir1"的目录，如图 6-2-34 所示。

⑩ mkdir dir1 dir2：同时创建两个目录，如图 6-2-35 所示。

图 6-2-33　树结构目录显示结果

dir1

图 6-2-34　目录显示结果

jifang123@ubuntu:~$ mkdir dir1 dir2

图 6-2-35　同时创建两个目录

⑪ mkdir-p /tmp/dir1/dir2：创建一个目录树，如图 6-2-36 所示。

⑫ rm-f file1：删除一个名为"file1"的文件，如图 6-2-37 所示。

jifang123@ubuntu:~$ mkdir -p /tmp/dir1/dir2　　　jifang123@ubuntu:~$ rm -f file1

图 6-2-36　创建一个目录树 　　　　　　图 6-2-37　删除文件

⑬ rmdir dir1：删除一个名为"dir1"的目录，如图 6-2-38 所示。

⑭ rm-rf dir1：删除一个名为"dir1"的目录并同时删除其内容，如图 6-2-39 所示。

jifang123@ubuntu:~$ rmdir dir1　　　　　jifang123@ubuntu:~$ rm -rf dir1

图 6-2-38　删除目录 　　　　　　图 6-2-39　删除目录及其内容

⑮ rm-rf dir1 dir2：同时删除两个目录及其内容，如图 6-2-40 所示。

⑯ mv dir1 new_dir：重命名 / 移动一个目录，如图 6-2-41 所示。

new_dir

ifang123@ubuntu:~$ rm -rf dir1 dir2

图 6-2-40　同时删除两个目录及其内容 　　　　　图 6-2-41　新建 new_dir 目录的显示结果

⑰ cp file1 file2：复制一个文件。

⑱ *cp dir/*：复制一个目录下的所有文件到当前工作目录，如图 6-2-42 所示。no1 是自己创建的。

⑲ cp-a /tmp/dir1：复制一个目录到当前工作目录，如图 6-2-43 所示。

`jifang123@ubuntu:~$ cp dir/no1 .`	`jifang123@ubuntu:~$ cp -a /tmp/dir1 .`
图 6-2-42　复制目录下的文件	图 6-2-43　复制目录

⑳ cp-a dir1 dir2：复制一个目录。

㉑ ln-s file1 lnk1：创建一个指向文件或目录的软链接，如图 6-2-44 所示。

㉒ ln file1 lnk1：创建一个指向文件或目录的物理链接。

㉓ touch-t 0712250000 file1：修改一个文件或目录的时间戳（YYMMDDhhmm），如图 6-2-45 所示。

lnk1

图 6-2-44　软链接的显示结果

📁 file1	0 项　文件夹　2007年12月25日

图 6-2-45　修改一个目录时间戳的显示结果

㉔ iconv-l：列出已知的编码，如图 6-2-46 所示。

```
jifang123@ubuntu:~$ iconv -l
以下的列表包含所有已知的编码字符集，但这不代表所有的字符名称组合皆可用于
命令行的 "来源" 以及 "目的" 参数。一个编码字符集可以用几个不同的名称
来表示 (即 "别名")。

437, 500, 500V1, 850, 851, 852, 855, 856, 857, 860, 861, 862, 863, 864, 865,
866, 866NAV, 869, 874, 904, 1026, 1046, 1047, 8859_1, 8859_2, 8859_3, 8859_4,
8859_5, 8859_6, 8859_7, 8859_8, 8859_9, 10646-1:1993, 10646-1:1993/UCS4,
ANSI_X3.4-1968, ANSI_X3.4-1986, ANSI_X3.4, ANSI_X3.110-1983, ANSI_X3.110,
ARABIC, ARABIC7, ARMSCII-8, ASCII, ASMO-708, ASMO_449, BALTIC, BIG-5,
BIG-FIVE, BIG5-HKSCS, BIG5, BIG5HKSCS, BIGFIVE, BRF, BS_4730, CA, CN-BIG5,
CN-GB, CN, CP-AR, CP-GR, CP-HU, CP037, CP038, CP273, CP274, CP275, CP278,
CP280, CP281, CP282, CP284, CP285, CP290, CP297, CP367, CP420, CP423, CP424,
CP437, CP500, CP737, CP770, CP771, CP772, CP773, CP774, CP775, CP803, CP813,
CP819, CP850, CP851, CP855, CP856, CP857, CP860, CP861, CP862, CP863,
CP864, CP865, CP866, CP866NAV, CP868, CP869, CP870, CP871, CP874, CP875,
CP880, CP891, CP901, CP902, CP903, CP904, CP905, CP912, CP915, CP916, CP918,
CP920, CP921, CP922, CP930, CP932, CP933, CP935, CP936, CP937, CP939, CP949,
CP950, CP1004, CP1008, CP1025, CP1026, CP1046, CP1047, CP1070, CP1079,
CP1081, CP1084, CP1089, CP1097, CP1112, CP1122, CP1123, CP1124, CP1125,
```

图 6-2-46　已知编码的显示结果

10. 文件搜索

① find /-name file1：从 "/" 开始进入根文件系统搜索文件和目录，如图 6-2-47 所示。

```
root@ubuntu:~# find / -name file1
/home/jifang123/file1
/home/jifang123/.local/share/Trash/files/dir4/file1
/home/jifang123/.local/share/Trash/files/dir4/file1/未命名文件夹/file1
```

图 6-2-47　搜索文件和目录的显示结果

② find /-user user1：搜索属于用户"user1"的文件和目录。

③ find /home/user1-name *.bin：在目录"/ home/user1"中搜索带有".bin"结尾的文件。

④ find /usr/bin-type f-atime+100：搜索在过去100天内未被使用过的执行文件，如图6-2-48所示。

⑤ find /usr/bin-type f-mtime–10：搜索在10天内被创建或者修改过的文件。

⑥ find /-name *.rpm-exec chmod 755 '{}' \;：搜索以".rpm"结尾的文件并定义其权限。

⑦ find /-xdev-name *.rpm：搜索以".rpm"结尾的文件，忽略光驱、捷盘等可移动设备。

⑧ locate *.ps：寻找以".ps"结尾的文件，先运行"updated"命令，如图6-2-49所示。

图 6-2-48 搜索过去100天内未被执行文件的显示结果 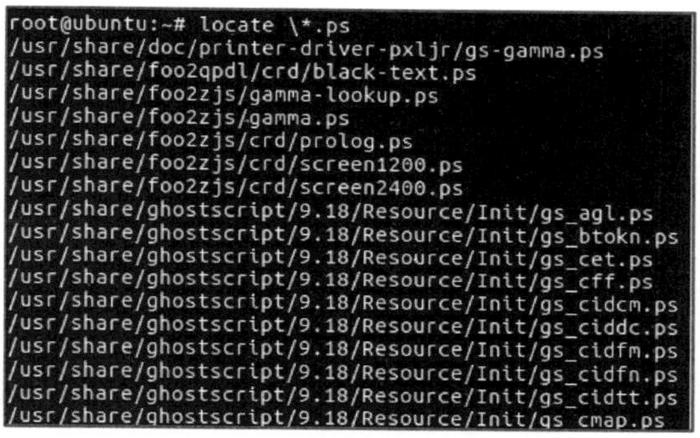 图 6-2-49 寻找以".ps"结尾文件的显示结果

⑨ whereis halt：显示一个二进制文件、源码或man的位置，如图6-2-50所示。

图 6-2-50 二进制文件、源码或man位置的显示结果

⑩ which halt：显示一个二进制文件或可执行文件的完整路径，如图6-2-51所示。

⑪ pwd：显示当前所在目录，如图6-2-52所示。

图 6-2-51 可执行文件完整路径的显示结果  图 6-2-52 当前所在目录的显示结果

11. 磁盘空间

① df-h：显示已经挂载的分区列表，如图6-2-53所示。

② du-sh dir1：估算目录"dir1"已经使用的磁盘空间，如图6-2-54所示。

③ du-sk*|sort-rn：以容量大小为依据依次显示文件和目录的大小，如图6-2-55所示。

图 6-2-53　已经挂载分区列表的显示结果　　图 6-2-54　"dir1"已经使用　　图 6-2-55　依次显示文件和
　　　　　　　　　　　　　　　　　　　　　　磁盘空间的显示结果　　　　　　　目录的大小

12. 文件权限命令

使用"+"设置权限,使用"−"取消权限。

① ls-lh:显示权限,如图 6-2-56 所示。

② more:一页一页地显示档案内容,如图 6-2-57 所示。

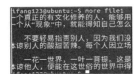

图 6-2-56　权限的显示结果　　　　　　　　　图 6-2-57　档案内容的显示结果

13. 文件的特殊属性命令

使用"+"设置权限,使用"−"取消权限。

① chattr+a file1:只允许以追加方式读写文件。

② chattr+c file1:允许这个文件能被内核自动压缩 / 解压。

③ chattr+d file1:在进行文件系统备份时,dump 程序将忽略这个文件。

④ chattr+i file1:设置成不可变的文件,不能被删除、修改、重命名或者链接。

⑤ chattr+s file1:允许一个文件被安全删除。

⑥ chattr+S file1:一旦应用程序对这个文件执行了写操作,使系统立刻将修改的结果写到磁盘。

⑦ chattr+u file1：若文件被删除，系统会允许用户在以后恢复这个被删除的文件。

⑧ lsattr：显示特殊的属性。

⑨ cat file1：从第一个字节开始正向查看文件的内容，如图 6-2-58 所示。

⑩ tac file1：从最后一行开始反向查看一个文件的内容，如图 6-2-59 所示。

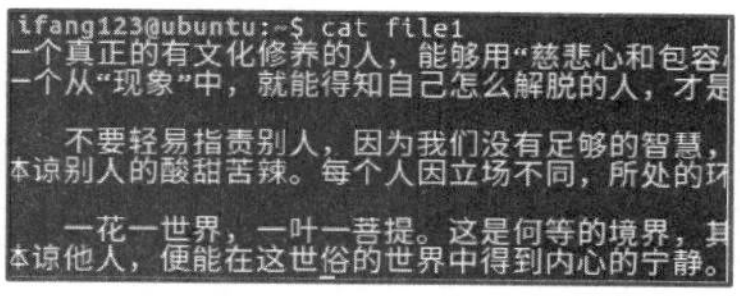

图 6-2-58　查看文件内容的显示结果 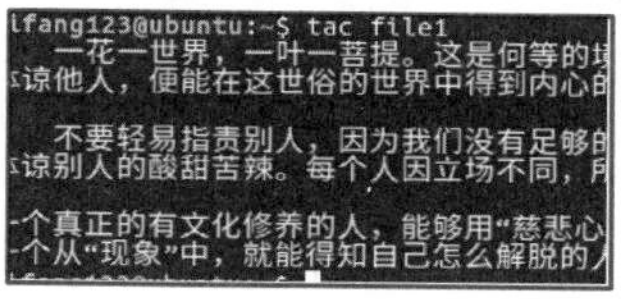　　　　图 6-2-59　反向查看一个文件内容的显示结果

⑪ more file1：查看一个长文件的内容，同上。

⑫ less file1：类似于"more"命令，但是它允许在文件中和正向操作一样的反向操作。

⑬ head-2 file1：查看一个文件的前两行，如图 6-2-60 所示。

⑭ tail-2 file1：查看一个文件的最后两行，如图 6-2-61 所示。

图 6-2-60　查看一个文件前两行的显示结果 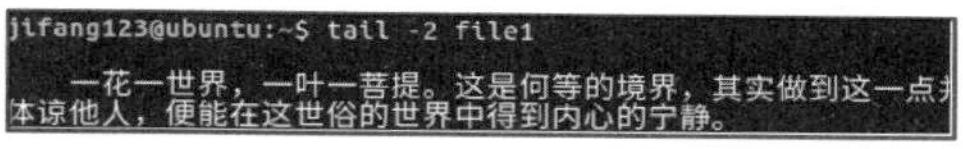　　　图 6-2-61　查看一个文件最后两行的显示结果

⑮ tail-f/var/log/messages：实时查看被添加到一个文件中的内容。

14. STDOUT 命令

① grep Aug /var/log/messages：在文件"/var/log/messages"中查找关键词"Aug"。

② grep ^Aug /var/log/messages：在文件"/var/log/messages"中查找以"Aug"开头的词汇。

③ grep [0-9] /var/log/messages：选择"/var/log/messages"文件中所有包含数字的行。

④ grep Aug-R /var/log/*：在目录"/var/log"及随后的目录中搜索字符串"Aug"。

⑤ sed 's/stringa1/stringa2/g' example.txt：将 example.txt 文件中的"string1"替换成"string2"。

⑥ sed '/^$/d' example.txt：从 example.txt 文件中删除所有空白行。

⑦ sed '/ *#/d; /^$/d' example.txt：从 example.txt 文件中删除所有注释和空白行。

⑧ echo 'esempio' | tr '[:lower:]' '[:upper:]'：合并上下单元格内容。

⑨ sed-e '1d' result.txt：从文件 example.txt 中排除第一行。

⑩ sed-n '/stringa1/p'：查看只包含词汇"string1"的行。

⑪ sed-e 's/ *$//' example.txt：删除每一行最后的空白字符。

⑫ sed-e 's/stringa1//g' example.txt：从文档中只删除词汇"string1"并保留剩余的全部内容。

⑬ sed-n '1,5p;5q' example.txt：查看从第 1 行到第 5 行内容。

⑭ sed-n '5p;5q' example.txt：查看第 5 行内容。

⑮ sed-e 's/00*/0/g' example.txt：用单个零替换多个零。

⑯ cat-n file1：标示文件的行数，如图 6-2-62 所示。

⑰ cat example.txt | awk 'NR%2==1'：删除 example.txt 文件中的所有偶数行。

⑱ echo a b c | awk '{print $1}'：查看一行的第一栏，如图 6-2-63 所示。

图 6-2-62　标示文件行数的显示结果

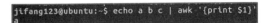

图 6-2-63　查看一行的第一栏

⑲ echo a b c | awk '{print $1, $3}'：查看一行的第一栏和第三栏，如图 6-2-64 所示。

⑳ paste file1 file2：合并两个文件或两栏的内容，如图 6-2-65 所示。

```
jifang123@ubuntu:~$ echo a b c | awk '{print $1,$3}'
a c
```

图 6-2-64　查看一行的第一栏和第三栏

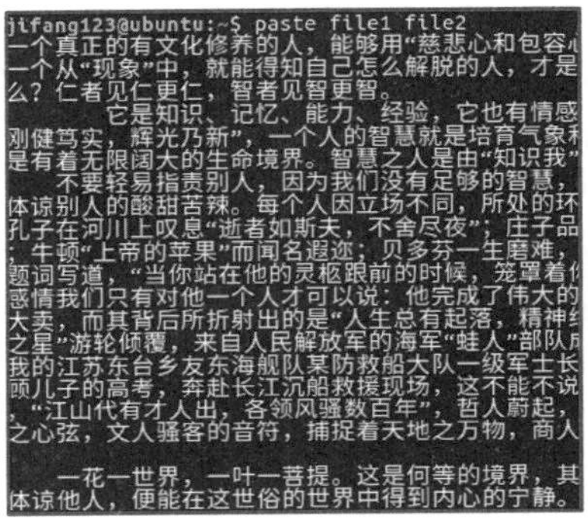

图 6-2-65　合并两个文件或两栏内容的显示结果

㉑ paste-d '+' file1 file2：合并两个文件或两栏的内容，中间用"+"区分，如图 6-2-66 所示。

㉒ sort file1 file2：排序两个文件的内容，如图 6-2-67 所示。

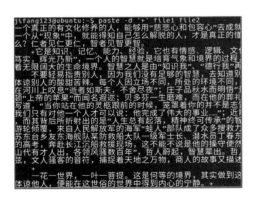

图 6-2-66　合并两个文件或两栏内容的显示结果

图 6-2-67　排序两个文件内容的显示结果

㉓ sort file1 file2 | uniq：取出两个文件的并集（重复的行只保留一份），如图 6-2-68 所示。

㉔ sort file1 file2 | uniq-u：删除交集，留下其他的行，如图 6-2-69 所示。

图 6-2-68　取出两个文件并集的显示结果

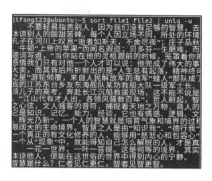

图 6-2-69　删除交集留下其他行的显示结果

㉕ sort file1 file2 | uniq-d：取出两个文件的交集（只留下同时存在于两个文件中的文件）。

㉖ comm-1 file1 file2：比较两个文件的内容，只删除"file1"所包含的内容，如图 6-2-70 所示。

图 6-2-70　比较两个文件并且删除前一个内容的显示结果

㉗ comm-2 file1 file2：比较两个文件的内容，只删除"file2"所包含的内容，如图 6-2-71 所示。

㉘ comm-3 file1 file2：比较两个文件的内容，只删除两个文件共有的部分，如图 6-2-72 所示。

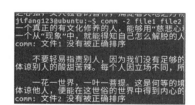

图 6-2-71　比较两个文件并且删除后一个内容的显示结果

图 6-2-72　比较两个文件内容并且删除两个文件共有部分的显示结果

15. 字符设置和文件格式转换

① dos2unix filedos.txt fileunix.txt：将一个文本文件的格式从 MS-DOS 转换成 UNIX。

② unix2dos fileunix.txt filedos.txt：将一个文本文件的格式从 UNIX 转换成 MS-DOS。

③ recode ..HTML <page.txt> page.html：将一个文本文件转换成 .html 文件。

④ recode-l | more：显示所有允许的转换格式。

16. 初始化一个文件系统命令

① mkfs /dev/hda1：在 hda1 分区创建一个文件系统。

② mke2fs /dev/hda1：在 hda1 分区创建一个 linux ext2 文件系统。

③ mke2fs-j /dev/hda1：在 hda1 分区创建一个 linux ext3（日志型）文件系统。

④ mkfs-t vfat 32-F /dev/hda1：创建一个 FAT32 文件系统，如图 6-2-73 所示。

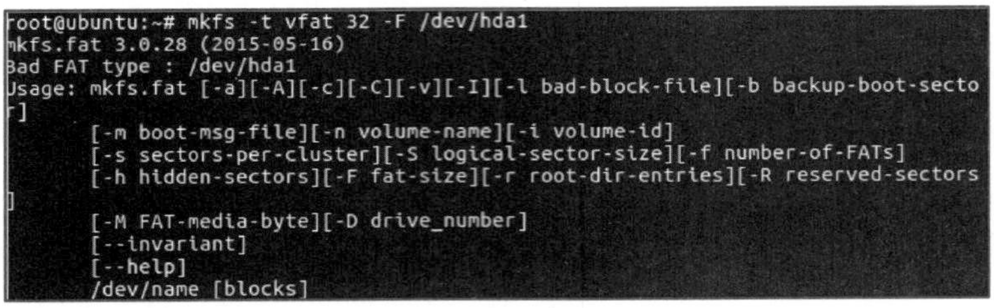

图 6-2-73　创建一个 FAT32 文件系统的显示结果

17. SWAP 文件系统命令

① mkswap /dev/hda3：创建一个 swap 文件系统。

② swapon /dev/hda3：启用一个新的 swap 文件系统。

③ swapon /dev/hda2 /dev/hdb3：启用两个 swap 分区。

18. 网络命令

泛指以太网和 WiFi。

① ifconfig eth0：显示一个以太网卡的配置。

② ifup eth0：启用一个 "eth0" 网络设备。

③ ifdown eth0：禁用一个 "eth0" 网络设备。

④ ifconfig eth0 192.168.1.1 netmask 255.255.255.0：控制 IP 地址。

⑤ ifconfig eth0 promisc：设置 "eth0" 成混杂模式以嗅探数据包（sniffing）。

⑥ dhclient eth0：以 dhcp 模式启用 "eth0"。

6.3　Mininet 验证 OpenFlow 版本的实验

　　Mininet 可以用一个命令在一台主机上（虚拟机、云或者本地）以秒级创建一个虚拟网络，并在上面运行真正的内核、交换机和应用程序代码。有些书中介绍的 Mininet 版本并不支持或需要修改相应的配置文件才能支持 OpenFlow1.3 协议，这给用户在使用过程中增加了不必要的麻烦。所幸，Mininet 2.1.0 p1 及以后的版本可以原生支持 OpenFlow1.3，但是这些新版本暂时还不能通过 apt-get（Ubuntu 环境下）命令获取。若是没有 Mininet，则需要 git 环境才能进行安装，操作步骤如下。

1. 下载 Mininet

在 git 环境下找到 Mininet 源代码，获取 Mininet 源代码后就可以安装 Mininet。结果显示如图 6-3-1 所示。

```
#git clone git: //github.com/mininet/mininet
```

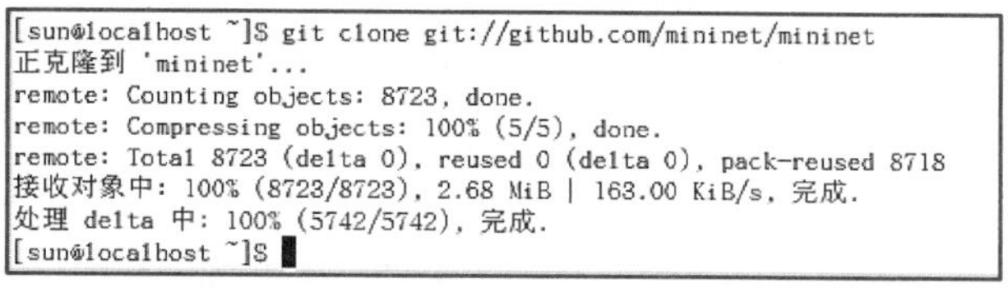

```
[sun@localhost ~]S git clone git://github.com/mininet/mininet
正克隆到 'mininet'...
remote: Counting objects: 8723, done.
remote: Compressing objects: 100% (5/5), done.
remote: Total 8723 (delta 0), reused 0 (delta 0), pack-reused 8718
接收对象中: 100% (8723/8723), 2.68 MiB | 163.00 KiB/s, 完成.
处理 delta 中: 100% (5742/5742), 完成.
[sun@localhost ~]S
```

图 6-3-1　安装 Mininet 的显示结果

2. Mininet 的安装步骤

（1）安装 Mininet

```
./mininet/util/install.sh-[options]
```

① -a：全部安装。

② -nfv：仅安装 MINIENT OPENFLOW，引用多 SWITCH 和 OPEN VSWITCH。

③ -s mydir：指定目录。

（2）重复安装 Mininet

当进行两次安装后，前一次的安装会对下一次造成影响，一些残存文件会报出错误信息，只需删除 ovs 残存文件即可。此时，可以输入以下命令。

```
$sudo rm/usr/local/bin/ovs*
```

（3）测试 Mininet

将 Mininet 中的 ovs 设置为 OpenFlow1.3 协议模式，Mininet 中模拟拓扑并连接 Ryu 控制器即可，操作指令与执行结果如下。那么，如何检测 Mininet 的版本呢？ 可以在 root 下输入"# mn--version"，结果显示如图 6-3-2 所示。

```
 sudo mn --mac --controller=remote,ip=192.168.5.203,port=6633
--switch ovsk,protocols=OpenFlow13
```

（4）测试 Mininet 的基本功能

安装完成后，测试 Mininet 的基本功能可以通过下面的命令"mininet：sudo mn"运行。结果显示如图 6-3-3 所示。

（5）测试

输入命令"pingall"，结果显示如图 6-3-4 所示。

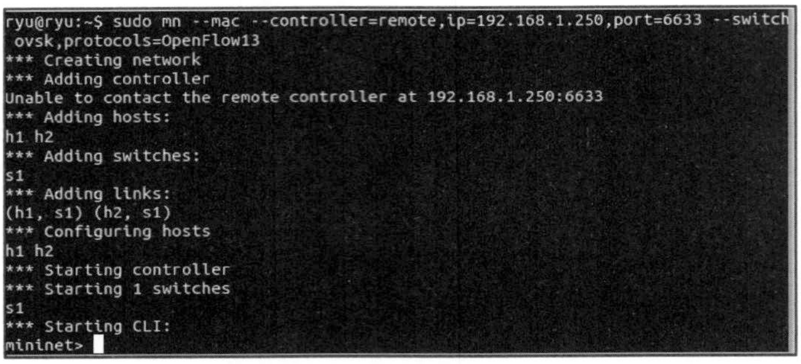

图 6-3-2　测试 Mininet 的显示结果

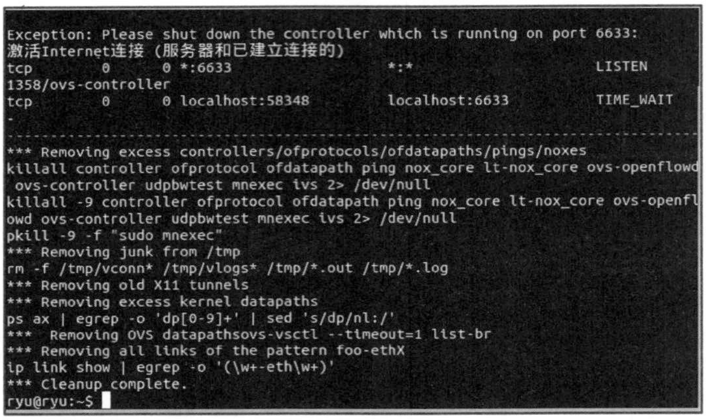

图 6-3-3　安装完成后的显示结果

（6）验证 OpenFlow

通过 Wireshark 验证 OpenFlow 版本信息，填写协议为"openflow_v4"。验证 Ryu 是否支持 OpenFlow1.3 协议的说明如下，结果显示如图 6-3-5 所示。

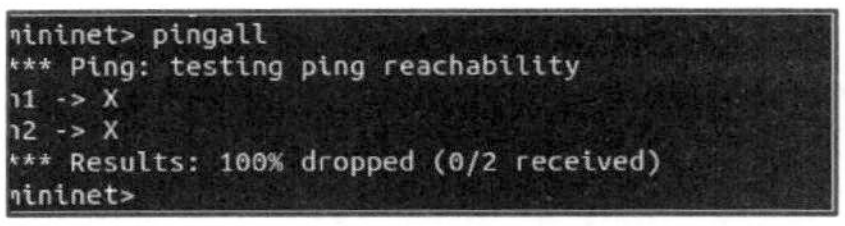

图 6-3-4　测试的显示结果

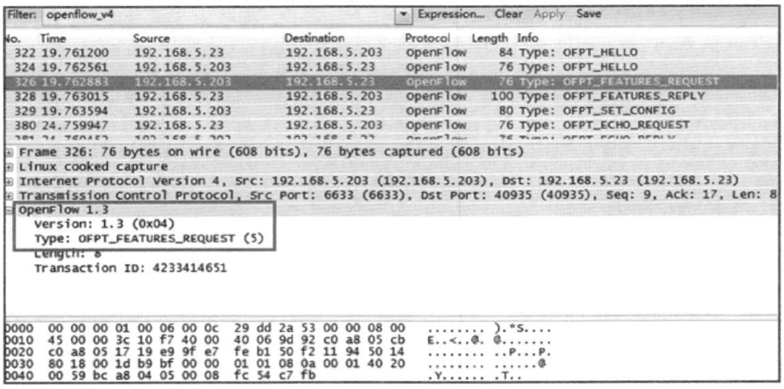

图 6-3-5　验证 OpenFlow 版本的显示结果

以上是通常情况下使用的验证方式。下面介绍另一种验证 OpenFlow 的方式,它需要首先登录交换机,然后才能检查 OpenFlow 的版本信息。

① 测试控制器与交换机的连通性。输入检测交换机 IP 位置的指令"Ping"。需要确认 IP 地址,以免产生错误信息。

```
# Ping 192.168.1.250
```

② 登录交换机。以管理者身份进入交换机内部。

```
# ssh admin@192.168.1.250
```

③ 检查版本信息。输入"ovs-ofctl show br0"命令,显示所在 br0 内的版本信息与结果。在结果部分可以看到"OF1.4"的字样,此时表示已完成本实验。

```
# ovs-ofctl show br0
```

6.4 Wireshark 验证网络抓包的操作实验

操作系统若是 Centos 5,则在安装 Wireshark 之前,需要检查是否缺少 git 依赖环境,如缺少请先安装 git;若是 Ubuntu,则需要按照下列步骤进行操作。

① 安装。在 root 用户环境下运行"yum install wireshark"命令。需要切换 root 用户时可以输入命令"su-"来获取权限。在此过程中系统会进行身份认证,结果显示如图 6-4-1 所示。

```
#yum install wireshark
```

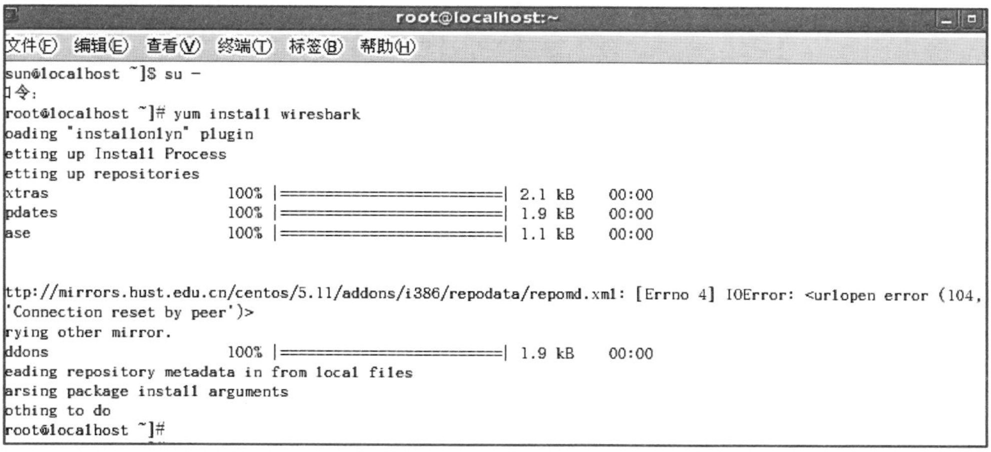

图 6-4-1 安装 Wireshark 的显示结果

② 运行。在终端中输入命令"#wireshark"。如果出现下面的错误信息,则原因是没有找到文件的位置,需要通过命令"whereis"来显示所在目录。

```
bash: wireshark: command not found
#whereis wireshark
wireshark: /usr/lib/wireshark /usr/share/wireshark
```

③ 再次运行。转到文件位置，在终端中输入命令“#wireshark”，其结果显示如图 6-4-2 所示。

```
#cd /usr/lib/wireshark
#ls
```

```
[root@localhost ~]# whereis wireshark
wireshark: /usr/bin/wireshark /usr/sbin/wireshark /usr/lib/wireshark /usr/share/wireshark /usr/share/man/man1/w
ireshark.1.gz
[root@localhost ~]# cd /usr/lib/wireshark
[root@localhost wireshark]# ls
plugins
[root@localhost wireshark]#
```

图 6-4-2 Wireshark 安装状态的显示结果

④ 搜索 rpm 包。搜索匹配“Wireshark”特定字符的 rpm 包，命令与结果显示如图 6-4-3 所示。

```
#yum search wireshark
```

```
[root@localhost wireshark]# yum search wireshark
Loading "installonlyn" plugin
Setting up repositories
Reading repository metadata in from local files



wireshark-gnome.i386                    1.0.15-7.el5_11        updates
Matched from:
wireshark-gnome
Gnome desktop integration for wireshark and wireshark-usermode
Contains wireshark for Gnome 2 and desktop integration file
http://www.wireshark.org/
```

图 6-4-3 搜索匹配 Wireshark 的显示结果

⑤ 安装 Wireshark 的图形界面。输入下列命令，显示结果如图 6-4-4 所示。

```
#yum install wireshark-gnome.i386
```

```
[root@localhost wireshark]# yum install wireshark-gnome.i386
Loading "installonlyn" plugin
Setting up Install Process
Setting up repositories
Reading repository metadata in from local files
Parsing package install arguments
Nothing to do
```

图 6-4-4 安装 Wireshark 图形界面的显示结果

⑥ 安装完成。输入 wireshark 命令与启动后的界面显示结果如图 6-4-5 所示。

```
#wireshark
```

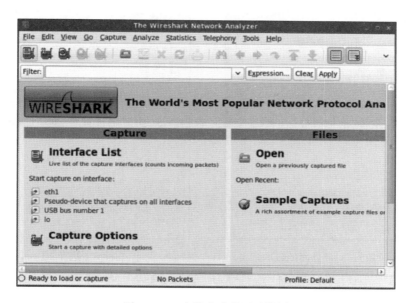

图 6-4-5　安装完成的显示结果

⑦ 监听 ARP 并分析数据包。选中"Filter"复选框以选择文件保存的位置。这里的地址解析协议（Address Resolution Protocol，ARP）通过目标装置的 IP 地址查询目标装置的 MAC 地址，以确保通信的顺利进行。它是 IPv4 中网络层的协议，在 IPv6 中被邻居发现协议（Neighbor Discovery Protocol，NDP）所替代。显示结果如图 6-4-6 所示。

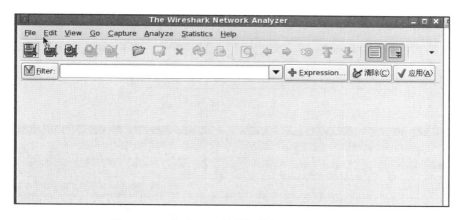

图 6-4-6　监听 ARP 并分析数据包的显示结果

⑧ 选择 Filter 对象界面。单击"Expression"按钮，弹出如图 6-4-7 所示的窗口。

⑨ 确认 Filter 对象。选择"IP only"协议，然后单击"确定"按钮，如图 6-4-8 所示。

⑩ 选择 Filter 字符串。选择"IP"协议，然后单击"确定"按钮，如图 6-4-9 所示。

⑪ 启动"eth1"。单击图 6-4-10 中的第一个图标，然后选择"eth1"接口，单击右侧的"Start"按钮，如图 6-4-10 所示。

图 6-4-7　选择 Filter 对象界面的显示结果

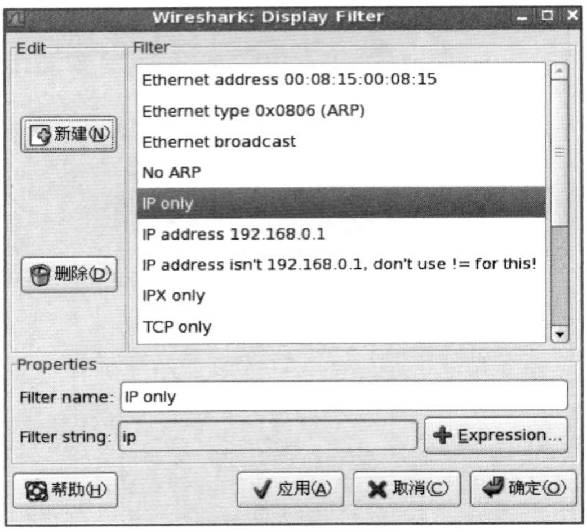

图 6-4-8　选择 "IP only" 协议

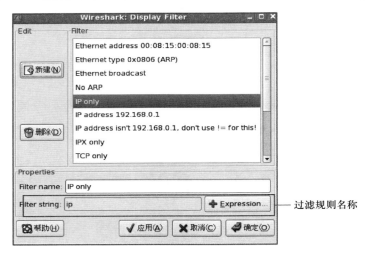

图 6-4-9　选择 "IP" 协议

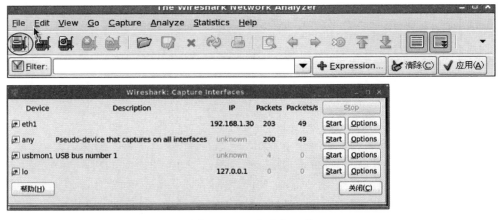

图 6-4-10　启动 "eth1"

108

⑫ 确认交换机连接状态。Ping 交换机 IP 地址(机房提供的 IP 地址)。显示结果如图 6-4-11 所示。

⑬ 捕获 ARP 数据包。捕捉所有网络的路径,依据每列的意义捕获数据的编号、捕获数据的时间(从开始捕获算为 0.000 秒)、源地址、目的地址、协议名称和数据包信息。显示结果如图 6-4-12 所示。

```
[sun@localhost ~]$ ping 192.168.9.108
PING 192.168.9.108 (192.168.9.108) 56(84) bytes of data.
64 bytes from 192.168.9.108: icmp_seq=1 ttl=128 time=2.57 ms
64 bytes from 192.168.9.108: icmp_seq=2 ttl=128 time=2.18 ms
64 bytes from 192.168.9.108: icmp_seq=3 ttl=128 time=2.07 ms
64 bytes from 192.168.9.108: icmp_seq=4 ttl=128 time=2.11 ms
64 bytes from 192.168.9.108: icmp_seq=5 ttl=128 time=2.08 ms
64 bytes from 192.168.9.108: icmp_seq=6 ttl=128 time=15.9 ms
64 bytes from 192.168.9.108: icmp_seq=7 ttl=128 time=2.13 ms
64 bytes from 192.168.9.108: icmp_seq=8 ttl=128 time=2.04 ms
64 bytes from 192.168.9.108: icmp_seq=9 ttl=128 time=2.06 ms
64 bytes from 192.168.9.108: icmp_seq=10 ttl=128 time=2.26 ms
64 bytes from 192.168.9.108: icmp_seq=11 ttl=128 time=2.44 ms
64 bytes from 192.168.9.108: icmp_seq=12 ttl=128 time=2.08 ms
```

图 6-4-11 Ping 交换机 IP 地址的显示结果

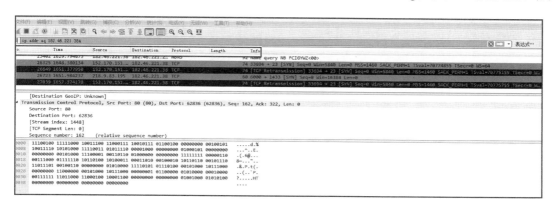

图 6-4-12 捕捉所有网络路径的显示结果

6.5 配置运行 SDN 应用

本实验需要的硬件设备为一台 Pica8 交换机,需要的软件设备为 3 个虚拟机(VM),其中 2 个 VM 被用来产生 Pica8 交换机的流量,另 1 个 VM 将运行 Ryu 控制器应用程序来对 Pica8 交换机进行编程,并安装 SDN 分流器应用。

在这个实验中,用户需要建立和验证 Pica8 SDN 环境。使用 Pica8 交换机、Ryu 控制器和一个分流器应用,用户将熟悉 OpenFlow 联网和 SDN 应用的配置与管理。在教师端按照以下步骤进行操作。

1. 交换机上电配置

启动交换机前,用网线连接交换机的控制端口,在教师机上运行终端控制器 PuTTy 登录 pica8 交换机。PuTTy 的配置参数如图 6-5-1 所示。

【补充说明】

这里需要思考终端软件出现乱码的情况是由什么原因造成的。目前出现这种情况有两种原因:一是配置参数出现问题;二是因为接口接触不良所致。

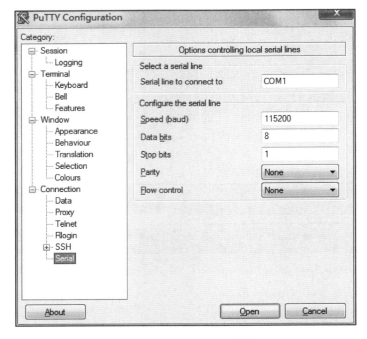

图 6-5-1　配置 PuTTy 参数

2. 登录交换机

使用下列命令登录交换机。

```
PicOS-OVS login: admin
Password:

admin@XorPlus$
admin@XorPlus$
```

【补充说明】
　　在学生端通过控制器终端登录交换机,命令是"ssh　admin@192.168.1.250"。使用机房提供的交换机 IP 地址进行登录,登录密码需要咨询教师。这里需要注意的是,在登录交换机之前,请测试控制器和交换机的连通性。命令是"ping 192.168.1.250",如果不通,请联系授课老师并检查线路。

3. 配置交换机

配置交换机的步骤如下。

① 验证当前 Pica8 模式。

```
admin@XorPlus$ps-ef | grep xorp | grep-v grep
admin@XorPlus$ps-ef | grep ovs | grep-v grep
admin@XorPlus$
```

【补充说明】
　　需要注意 Pica8 交换机当前运行的模式。若是 OVS 或 L2/L3 模式,表示当前均未启用。这是设备还没有准备好来转发数据包。首先要完成的任务应是配置 Pica8 模式。

② 运行 Pica8 安装实用程序。由于要建立 Pica8 交换机的 SDN 应用程序,将把交换机设为 OVS 模式以支持 OpenFlow。要做到这一点,需要运行 Pica8 安装程序。可在命令行中输入 "sudo picos_boot",当系统提示时输入 "2" 选择 OVS 模式。

```
admin@XorPlus$sudo picos_boot
Please configure the default system start-up options:
(Press other key if no change)
[1] PicOS L2/L3
[2] PicOS Open vSwitch/OpenFlow
[3] No start-up options * default
Enter your choice (1,2,3): 2
```

③ 设置 eth0 接口 IP 地址。OpenFlow 的封包和 SSH 通信将使用这个 IP 地址。输入 IP 地址、子网掩码和默认网关。实验提供信息与模式参数配置如下。

```
Ip address:192.168.1.250/24
Ip netmaks:255.255.255.0
getway Ip:192.168.1.254
PicOS Open vSwitch/OpenFlow is selected.
Note:Defaultly,the OVS server is runned with static local
management IP and port 6640.
The default way of vswitch connecting to server is PTCP.
Please set a static IP and netmask for the switch (e.g.
128.0.0.10/24):192.168.1.250/24
Please set the gateway IP (e.g 172.168.1.2):192.168.1.254
admin@XorPlus$
```

④ 启动 PicOS 服务。现在,将验证 PicOS 模式的改变,启动 PicOS 服务 "sudo service picos start" 来应用这个改变,输入命令 "sudo service picos start"。

```
admin@XorPlus$sudo service picos start
[....] Stopping enhanced syslogd: rsyslogd.
[....] Starting enhanced syslogd: rsyslogd.
[....] Stopping internet superserver: xinetd.
[....] Restarting OpenBSD Secure Shell server: sshd.
[....] Create OVS database file.
RTNETLINK answers: No such process
[....] Starting: PicOS Open vSwitch/OpenFlow.
[....] Starting web server: lighttpd.
```

⑤ 验证 PicOS 模式。验证对 "picos_start.conf" 文件的改变, 输入命令 "more /etc/picos/picos_start.conf"。

```
admin@XorPlus$more /etc/picos/picos_start.conf
# configuration file for PicaOS
[PICOS]
picos_start=ovs
[XORPPLUS]
xorpplus_rtrmgr_verbose=
xorpplus_log_facility=local0
xorpplus_finder_client_address=127.0.0.1
xorpplis_finder_server_address=127.0.0.1

[OVS]
ovs_database_file=/ovs/ovs-vswitchd.conf.db
ovs_db_sock_file=/ovs/var/run/openvswitch/db.sock
ovs_switch_ip_address=192.168.1.250/24
ovs_switch_ip_netmask=255.255.255.0
ovs_switch_gateway_ip=192.168.1.254
ovs_switch_tcp_port=6633
ovs_host_name=PicOS-OVS

[ZTP]
ztp_disable=false
```

⑥ 验证 OVS 进程正在运行。如果进程输出如下, 则 Pica8 交换机运行在 OVS/Openflow 模式下。输入命令 "ps-ef | grep ovs | grep-v grep"。

```
admin@XorPlus$ps-ef | grep ovs | grep-v grep
root 3182 1 0 05:26 ttyS0 00:00:00 ovsdb-server /ovs/
```

```
ovs-vswitchd.conf.db--remote=ptcp: 6633: 192.168.16.101--
remote=punix: /ovs/var/run/openvswitch/db.sock
root 3184 1 0 05:26 ttyS0 00:00:00 ovs-vswitchd--
pidfile=ovs-vswitchd.pid--overwrite-pidfile
```

⑦ 重启交换机。现在重新启动交换机,以确保配置是持久的。这可能需要几分钟的时间才能完成。输入命令"sudo reboot"。

```
admin@XorPlus$sudo reboot
Broadcast message from root@PicOS-OVS (ttyS0)(Tue Oct 21 05:47:19
2014):
The system is going down for reboot NOW!
```

● 重启完成。一旦重启完成后,作为管理员重新登录、检查和验证 eth0 接口到默认网关的网络连接。需要注意的是,主机名称已经按照"picos_start.conf"文件更改。输入命令"ifconfig eth0"。

```
admin@PicOS-OVS$ifconfig eth0
eth0 Link encap:Ethernet HWaddr 48:6e:73:02:00:22
inet addr:192.168.16.101 Bcast:192.168.16.255 Mask
:255.255.255.0
inet6 addr: fe80::4a6e:73ff:fe02:22/64 Scope:Link
UP BROADCAST RUNNING MULTICAST MTU:1500 Metric:1
RX packets: 8 errors: 0 dropped: 0 overruns: 0 frame: 0
TX packets: 15 errors: 0 dropped: 0 overruns: 0 carrier: 0
collisions: 0 txqueuelen: 1000
    RX bytes: 608 (608.0 B) TX bytes: 3082 (3.0 KiB)
    Base address: 0x2000
admin@PicOS-OVS$
admin@PicOS-OVS$ping 192.168.16.1
PING 192.168.16.1 (192.168.16.1) 56(84) bytes of data.
64 bytes from 192.168.16.1:icmp_req=1 ttl=64 time=32.7 ms
64 bytes from 192.168.16.1:icmp_req=2 ttl=64 time=2.00 ms
64 bytes from 192.168.16.1:icmp_req=3 ttl=64 time=0.939 ms
^C
---192.168.16.1 ping statistics---
3 packets transmitted,3 received,0% packet loss,time 2002ms
rtt min/avg/max/mdev=0.939/11.900/32.754/14.752 ms
```

【补充说明】
　　只要在 Ping 的过程中出现不通或者没有处于 OVS 模式,就需要联系授课老师。

● 查看 Linux 网络接口。运行以下命令,以查看 Linux 网络接口配置文件。

```
admin@PicOS-OVS$more /etc/network/interfaces
# interfaces(5) file used by ifup(8) and ifdown(8)
auto lo
iface lo inet loopback
auto eth0
iface eth0 inet dhcp
```

【补充说明】
　　当发现 eth0 没有关联 IP 地址的情况时,尽管 PicOS 建立在 Debian 操作系统上,但仍有一些 Linux 的配置可能并不适用。例如,eth0 并不通过 /etc/network/interfaces 来设定。

4. 设置 Openflow SDN 网络

　　① 创建虚拟交换机。这里提出创建使用 OpenFlow 的一个基本的桥(虚拟交换机)。需要创建一个虚拟交换机 br0,输入命令 "ovs-vsctl add-br br0--set bridge br0 datapath_type=pica8"。

```
admin@PicOS-OVS$ovs-vsctl add-br br0--set bridge br0 datapath_
type=pica8
device ovs-pica8 entered promiscuous mode
device br0 entered promiscuous mode
admin@PicOS-OVS$
```

【补充说明】
　　若是出现提示 ovs-vsctl:"'set' command requires at least 3 arguments",是因为缺少配置参数,此时需要检查该命令的正确性。此外,要删除之前所创建的桥,可以通过输入命令 "ovs-vsctl del-br br0"(注意,br0 请根据实际情况更换)进行删除。最后,在创建桥以后,新创建的 bridge 没有和 OpenFlow 控制器连接时,它将会作为一个简单的 L2 交换机工作。也就是说,未知单播的流量会 flood 到其他所有端口去。这是因为创建 bridge 后,系统中会有一条默认的流,包会根据这条流进行 flood。因此,可以通过输入命令 "ovs-ofctl dump-flows br0" 查看默认的流,可以发现该流的优先级为 0,动作为 NORMAL。NORMAL 意味着这个包按 L2/L3 处理,而不能按 OpenFlow 交换机处理。

② 验证虚拟交换机。输入命令 "ovs-ofctl show br0"。

```
admin@PicOS-OVS$ovs-ofctl show br0
OFPT_FEATURES_REPLY (OF1.4) (xid=0x2): dpid: 5e3ea67edf6c5f60
n_tables: 254,n_buffers: 256
capabilities: FLOW_STATS TABLE_STATS PORT_STATS GROUP_STATS
OFPST_PORT_DESC reply (OF1.4) (xid=0x4):
LOCAL(br0): addr: a6: 7e: df: 6c: 5f: 60
config: 0
state: LINK_UP
current: 10MB-FD COPPER
supported: 10MB-FD COPPER
speed: 10 Mbps now,10 Mbps max
OFPT_GET_CONFIG_REPLY (OF1.4) (xid=0x6): frags=normal
miss_send_len=0
```

【补充说明】
br0 不包含物理接口,尽管虚拟交换机已经被创建,但物理接口仍需要被添加到虚拟交换机。

③ 给虚拟交换机添加接口。输入以下命令。

```
admin@PicOS-OVS$ovs-vsctl add-port br0 ge-1/1/1 vlan_mode=access
tag=10--set Interface ge-1/1/1 type=pica8
admin@PicOS-OVS$ovs-vsctl add-port br0 ge-1/1/2 vlan_mode=access
tag=10--set Interface ge-1/1/2 type=pica8
admin@PicOS-OVS$
```

【补充说明】
如果添加端口信息时出现错误,可以通过此命令进行删除。输入命令 "ovs-vsctl del-port br0 ge-1/1/1",需要根据实际情况删除端口(port),不要删除错误端口。因为当删除端口或者桥时,交换机的网线相对应的灯口会熄灭;当添加上端口时,灯口会重新亮起来。因此,在进行实验的过程中,用户应该注意根据实际情况添加相对应的端口,以免做无用功。

④ 验证虚拟交换机连接。可以使用相同的命令验证是否对 br0 的修改。如果端口状态不是 LINK_UP 状态,可以输入命令 "ovs-ofctl show br0"。

```
admin@PicOS-OVS$ovs-ofctl show br0
OFPT_FEATURES_REPLY (OF1.4)(xid=0x2): dpid: 5e3e486e73020023
n_tables: 254,n_buffers: 256
capabilities: FLOW_STATS TABLE_STATS PORT_STATS GROUP_STATS
OFPST_PORT_DESC reply (OF1.4)(xid=0x4):
1(ge-1/1/1): addr: 48: 6e: 73: 02: 00: 23
config: 0
state: LINK_UP
current: 1GB-FD COPPER AUTO_NEG
advertised: 10MB-HD 10MB-FD 100MB-HD 100MB-FD 1GB-FD COPPER
AUTO_NEG
supported: 10MB-HD 10MB-FD 100MB-HD 100MB-FD 1GB-FD COPPER
AUTO_NEG
peer: 10MB-HD 10MB-FD 100MB-HD 100MB-FD 1GB-FD COPPER
speed: 1000 Mbps now,1000 Mbps max
2(ge-1/1/2): addr: 48: 6e: 73: 02: 00: 23
config: 0
state: LINK_UP
current: 1GB-FD COPPER AUTO_NEG
advertised: 10MB-HD 10MB-FD 100MB-HD 100MB-FD 1GB-FD COPPER
AUTO_NEG
supported: 10MB-HD 10MB-FD 100MB-HD 100MB-FD 1GB-FD COPPER
AUTO_NEG
peer: 10MB-HD 10MB-FD 100MB-HD 100MB-FD 1GB-FD COPPER
speed: 1000 Mbps now,1000 Mbps max
```

【补充说明】
　　使用 OFPT_GET_CONFIG_REPLY 命令可以显示交换机上运行的 OpenFlow 版本,如 PicOS 2.4.1 代表交换机默认运行 OF1.4。此外,当用网线连接两台个人计算机和交换机的 1、2 端口时,连接好以后,端口状态的提示信息应该切换为 LINK_UP。如果没有切换将有两种可能性:一是物理线路不通,通过 Ping 命令检查;二是可能端口被禁止,可以通过输入命令 "ovs-ofctl mod-port br0 ge-1/1/1 up/ down" 打开端口。启用或禁用这个端口,等同于 Linux 中的 "ifconfig up/ifconfig down"。最后,将端口状态 Link_DOWN 换成 LINK_UP。

⑤ 测试主机的连通性。在 Bridge 添加好物理连接后,将试图通过 Pica8 交换机转发一些数据包。使用所提供的虚拟机的凭据和 IP 地址登录连接到 GE-1 的虚拟机上,通过该主机 Ping 连接到 GE-1/1/2 的 VM 的 IP 地址。

```
pica8@of-dev01-traff01:~$ ping 10.10.11.3
PING 10.10.11.3 (10.10.11.3) 56(84) bytes of data.
^C
---10.10.11.3 ping statistics---
3 packets transmitted,0 received,+1 errors,100% packet loss,
time 2000ms
```

【补充说明】

Ping 的过程会发生失败,是因为 Pica8 交换机尚未连接到 OpenFlow 控制器。由于 Pica8 遵循 OpenFlow 的标准,不匹配任何流规则的流量包,应首先通过 OFPT_PACKET_ OUT 消息复位指向到控制器。

⑥ 验证控制器可达。必须配置交换机连接到通过 OpenFlow 的控制器。首先,切换到 Pica8 交换机命令行,Ping 控制器的 IP 地址。如果 Ping 失败,则向授课老师报告。教师端登录控制器操作:ssh admin@192.168.1.251。此地址应为机房所提供的 IP 地址。

```
admin@PicOS-OVS$ping 192.168.16.82-c 3
PING 192.168.16.82 (192.168.16.82) 56(84) bytes of data.
64 bytes from 192.168.16.82:icmp_req=1 ttl=64 time=3.28 ms
64 bytes from 192.168.16.82:icmp_req=2 ttl=64 time=0.393 ms
64 bytes from 192.168.16.82:icmp_req=3 ttl=64 time=0.458 ms
---192.168.16.82 ping statistics---
3 packets transmitted,3 received,0% packet loss,time 2001ms
rtt min/avg/max/mdev=0.393/1.378/3.284/1.348 ms
```

⑦ 连接 Ryu Openflow 控制器。配置 Pica8 交换机连接到 Ryu Openflow 控制器。

117

```
admin@PicOS-OVS$
admin@PicOS-OVS$ovs-vsctl set-controller br0 tcp
:192.168.1.251:6633
admin@PicOS-OVS$
```

【补充说明】
　　交换机不可以打开与控制器的会话。用户需要清楚 OpenFlow 的各种设备支持哪些版本。回想一下以前的步骤,若交换机默认为 OF1.4,那么应用程序是否支持此默认版本。可以查看会话状态是否处于 TIME_WAIT 或 FIN_WAIT2 状态。

　　⑧ 设置 OpenFlow 版本。将试图通过设置交换机的 OpenFlow 的版本为 1.3 来解决交换机和控制器之间的问题。在交换机上使用下列命令进行此项更改。

```
admin@PicOS-OVS$
admin@PicOS-OVS$ovs-vsctl set Bridge br0 protocols=OpenFlow13
admin@PicOS-OVS$
```

　　⑨ 验证 OpenFlow 的连接。

```
admin@PicOS-OVS$netstat-n | grep 6633
tcp 0 0 192.168.16.101:56974 192.168.16.82:6633
ESTABLISHED
admin@PicOS-OVS$
```

【补充说明】
　　倘若交换机能够打开与控制器的会话,则代表已经通过 OpenFlow 的控制器连接到 Pica8 交换机。

5. 运行 SDN 分流器应用

　　① 验证 SDN 控制器。已知 SDN 控制器运行 Ryu 和一个用以教学的桥应用程序,允许数据包从端口 GE-1/1/1 转发到 GE-1/1/2。为了验证,下面将检查 Ryu 的进程。通过提供的 IP 地址和凭据登录控制器,并运行以下命令。

```
pica8@pica8-controller:~$ ps-ef | grep ryu | grep-v grep
root 3840 3836 0 Oct26 pts/0 00:00:05 /usr/bin/python /
usr/local/bin/ryu-manager ryu.app.ofctl_rest
```

② 重新启动 SDN 控制器。下面手动重启控制器,将会在终端看到 REST API 调用。请按照下面的步骤来执行此任务。请注意,进程 ID 将根据环境而改变。在这个实例中,按前一步骤所示,Ryu 进程 ID 是"3840"。通过输入命令"kill-9 <PID>"来将控制器进程杀死。注意,可能需要 root 权限,如果使用 sudo 执行"sudo kill-9 <PID>"命令,可能会提示输入密码,以验证它是 sudoers 的名单中的一员。

```
pica8@pica8-controller:~$ sudo kill-9 3840
sudo:unable to resolve host pica8-controller
[sudo] password for pica8:
pica8@pica8-controller:~$/usr/bin/python /usr/local/bin/ryu-
manager ryu.app.ofctl_rest
loading app ryu.app.ofctl_rest
loading app ryu.controller.ofp_handler
loading app ryu.controller.ofp_handler
loading app ryu.controller.ofp_handler
instantiating app None of DPSet
creating context dpset
creating context wsgi
instantiating app None of ProactiveTap
creating context tap
instantiating app ryu.app.ofctl_rest of RestStatsApi
instantiating app ryu.controller.ofp_handler of OFPHandler
(17948) wsgi starting up on http://0.0.0.0:8080/
```

③ 访问应用虚拟机。现在已经配置了底层硬件,并准备开始运行 SDN 应用程序。在下面的步骤中,将会对控制器进行编程,将转发规则下发到 Pica8 交换机上。先前提到 OpenFlow 的交换机并不提供传统网络的转发功能。换句话说,在 OpenFlow 网络中,必须在控制器上编程来下发流表(规则)给 Pica8 交换机,Pica8 交换机只是充当一个简单的数据包转发单元,而不再是通过配置端口和 VLAN 来转发以太网帧。首先使用本课程提供的用户名称和密码连接到控制器虚机。

④ 启动分流器应用。在 Linux 图形下打开终端窗口,在终端内输入下列命令。

```
ryu@tooyum$ sudu su-
root@tooyum# cd ryu;
root@tooyum#./bin/ryu-manager--enable-debugger--observe-links
--config-file./etc/ryu/ryu.conf./ryu/app/tooyum/fileserver.
py./ryu/app/tooyum/host_tracker_rest.py./ryu/app/
rest_topology.py./ryu/app/tooyum/stateless_lb_rest.py./ryu/
app/tooyum/tap_rest.py
```

⑤ 输出结果。执行后会输出以下内容。

```
debugging is available (--enable-debugger option is turned on)
loading app./ryu/app/tooyum/fileserver.py
loading app./ryu/app/tooyum/host_tracker_rest.py
loading app./ryu/app/rest_topology.py
loading app./ryu/app/tooyum/stateless_lb_rest.py
loading app./ryu/app/tooyum/tap_rest.py
loading app ryu.controller.ofp_handler
loading app ryu.topology.switches
loading app ryu.controller.ofp_handler
instantiating app None of DPSet
creating context dpset
creating context wsgi
instantiating app None of StarterTap
creating context tap
instantiating app None of StatelessLB
creating context stateless_lb
instantiating app None of HostTracker
creating context host_tracker
instantiating app None of L2LearningSwitch

creating context learning_switch
instantiating app./ryu/app/tooyum/host_tracker_rest.py of
HostTrackerRestApi
instantiating app ryu.controller.ofp_handler of OFPHandler
instantiating app./ryu/app/tooyum/fileserver.py of WebRestApi
instantiating app./ryu/app/tooyum/stateless_lb_rest.py of
StatelessLBRestApi
instantiating app ryu.topology.switches of Switches
instantiating app./ryu/app/rest_topology.py of TopologyAPI
File "/usr/local/lib/python2.7/dist-packages/ryu/lib/hub.py",
line 52,in _launch
func(*args,**kwargs)
File "/usr/local/lib/python2.7/dist-packages/ryu/controller/
controller.py",line 71,in __call__
self.server_loop()
File "/usr/local/lib/python2.7/dist-packages/ryu/controller/
```

```
controller.py",line 94,in server_loop
datapath_connection_factory)
File "/usr/local/lib/python2.7/dist-packages/ryu/lib/hub.py",
line 108,in __init__
self.server=eventlet.listen(listen_info)
File "/usr/local/lib/python2.7/dist-packages/eventlet/
convenience.py",line 43,in listen
sock.bind(addr)
File "/usr/lib/python2.7/socket.py",line 224,in meth
return getattr(self._sock,name)(*args)
error: [Errno 98] Address already in use
(15258) wsgi starting up on http://0.0.0.0:9080/
```

⑥ 故障排除。出现 error:[Errno 98] Address already in use 这个错误有两种可能性,可以通过在终端下按【Ctrl+Z】组合键,将进程放入后台后,执行以下两个命令排除这个错误。

```
root@tooyum:~#/etc/init.d/openvswitch-controller stop
root@tooyum:~#kill-9 $(pgrep-f 'ryu-manager')
```

⑦ 重新执行。排除错误后重新执行下列命令。

```
root@tooyum#./bin/ryu-manager--enable-debugger--observe-links
--config-file./etc/ryu/ryu.conf./ryu/app/tooyum/fileserver.
py./ryu/app/tooyum/host_tracker_rest.py./ryu/app/
rest_topology.py./ryu/app/tooyum/stateless_lb_rest.py./ryu/
app/tooyum/tap_rest.py
```

⑧ 运行网址。控制器启动后,利用快捷键【Alt+F2】,调出命令行快捷菜单,输入 "google-chrome" 后按【Enter】键。在地址栏中输入 "http://192.168.1.254:9080",需要将 192.168.1.254 替换为该控制器的实际 IP 地址,显示结果如图 6-5-2 和图 6-5-3 所示。

图 6-5-2　桌面显示结果

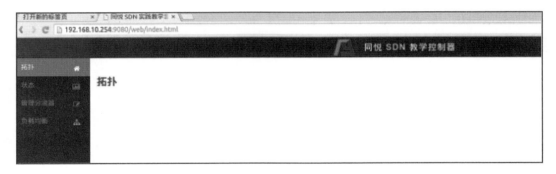

图 6-5-3　控制器启动后页面的显示结果

⑨ 配置分流器应用。接下来配置分流器应用。为了验证分流器的作用,在开始前要做一些准备工作。在老师提供的网络客户机上执行 Ping 操作,在 A 主机上(192.168.1.1)执行。

```
ping 192.168.1.2 #linux          ping 192.168.1.2/t #windows
```

⑩ 确认当前交换机的流表状态。不同系统执行不同的命令,可以看到网络是通畅的,请保持这个界面可见。所以,在控制器的终端界面中输入下列命令"ssh admin@192.168.1.250",使用老师提供的密码才能登录到交换机终端,在交换机终端下执行。可以将 br1 替换为实际分配 /使用的虚拟交换机名"ovs-ofctl dump-flows br1",输出的是目前在 br1 上生效的流表。在准备工作完成后,返回 Chrome 浏览器,单击分流器进行设置,将从 1 端口发起的 ICMP 请求全部指向 3端口。显示结果如图 6-5-4 所示。

图 6-5-4　流表状态的显示结果

122

【补充说明】

此时，由于将 A 主机所在端口发出的 ICMP 协议指向 3 端口，没有到达 B 主机所在的 2 端口，所以 Ping 不通，也就是主机 A Ping 主机 B 时会失败。

⑪ 查看交换机流表。切换到 Pica8 交换机命令行，执行命令 "ovs-ofctl dump-flows br1" 查看流表。可以发现，较之前的输出多一行类似下面框内的信息。由此可知，一个 OpenFlow 的应用其实就是通过 API 告诉控制器特定交换机上的数据流的规则，控制器则通过 Openflow 协议将流表下发到特定的交换机来实现对数据流的控制。那么这是怎样的 API 呢？该 API 在这里是 REST，是目前在 SDN 控制器中比较常用的一种 API。当上述步骤完成后，便完成了本实验，一个基本的 OpenFlow 网络被建立，并运行第一个 SDN 应用。

```
cookie=0xcce8fd4a8d8a8143, duration=743.803s, table=0, n_
packets=0, n_bytes=0, idle_age=743, icmp, in_port=1 actions=output:3
```

6.6 传统 L2/L3 模式和混合模式

在本实验中，读者将熟悉 PicOS 传统的 L2/L3 模式。为了同时支持传统的网络，PicOS 利用 XORP 提供功能丰富的 L2/L3 功能。建议在教师端或由管理者使用 L2/L3 模式，不适合课堂多人同时进行练习的实验。下面的内容中，用户将通过 XORP CLI 配置传统网络，步骤 1~ 步骤 5 在管理者的计算机上运行，步骤 6 以后的操作需要在使用者端进行。

1. 停止 PicOS 服务

输入 "sudo service picos stop" 命令来停止 PicOS 服务。

```
admin@PicOS-OVS$
admin@PicOS-OVS$sudo service picos stop
[....] Stopping web server:lighttpd.
[....] Stopping:PicOS Open vSwitch/OpenFlow.
admin@PicOS-OVS$device br0 left promiscuous mode
device ovs-pica8 left promiscuous mode
admin@PicOS-OVS$
```

2. 打开 L2/ L3 模式

接着，使用 picos_boot 程序设置 PicOS，当提示默认模式选择时，选择 "选项 1"。

```
admin@PicOS-OVS$
admin@PicOS-OVS$sudo picos_boot
Please configure the default system start-up options:
(Press other key if no change)
[1] PicOS L2/L3
[2] PicOS Open vSwitch/OpenFlow * default
[3] No start-up options
Enter your choice (1,2,3):1
PicOS L2/L3 switch system is selected.
Please restart the PicOS service
admin@PicOS-OVS$
```

3. 启动 PicOS 服务

重新启动 PicOS 服务。

```
admin@PicOS-OVS$
admin@PicOS-OVS$sudo service picos start
[....] Starting:PicOS L2/L3.........................
admin@PicOS-OVS$
```

4. 重启 Pica8 Switch

在 Pica8 Switch 下输入"sudo reboot"命令,重新启动 Pica8 交换机,以激活修改的设定。

```
admin@PicOS-OVS$
admin@PicOS-OVS$sudo reboot
Broadcast message from root@XorPlus (ttyS0)(Tue Oct 21 13:32:10
2014):
The system is going down for reboot NOW!
```

5. 检查 PicOS 模式

重启后登录到 Pica8 交换机并验证模式,这时应该会看到 XORP 进程正在运行当中,确认设备处于运行 PicOS 的 L2/L3 模式。

```
XorPlus login:admin
Password:
admin@XorPlus$
admin@XorPlus$
admin@XorPlus$
```

```
admin@XorPlus$ps-ef | grep xorp | grep-v grep
root 3776 1 0 13:34 ?  00:00:00 xorp_policy
root 3778 1 0 13:34 ?  00:00:00 /pica/bin/
xorp_rtrmgr-d-L local0.info-P/var/run/xorp_rtrmgr.pid
root 3810 3778 0 13:34 ?  00:00:00 xorp_bgp
```

【补充说明】

目前, Pica8 交换机运行的模式与进程是 L2/L3 与正在运行的 Xorp 进程。

6. 启动 XORP CLI

管理 Xorp CLI(学生端)时,需要在命令行中输入 "cli" 命令启动 XORP CLI。

```
admin@PicOS-OVS$cli
Synchronizing configuration...OK.
Pica8 PicOS Version 2.4.1
Welcome to PicOS L2/L3 on XorPlus
admin@XorPlus>
```

7. 查看初始配置

查看 Pica8 交换机上的当前运行配置,此时交换机应该没有当前配置。如果有,请联系教师。教师需要输入 1 的命令。

```
admin@XorPlus> show running-config
admin@XorPlus>
```

交换机有当前配置。需要运行下面的内容,最后要输入 Commit 的原因是为了保存之前进行的操作。

```
Load override/pica/bin/pica_default.boot
Commit
```

8. 修改配置

下面将配置带外管理接口,那些熟悉其他设备网络操作系统的用户会注意到与 Xorp CLI 有一些相似之处。记得输入 Xorp CLI 存在的两种模式(操作和配置)。所以,为了修改配置,需要输入 "edit" 命令。

```
admin@XorPlus> edit
Entering configuration mode.
There are no other users in configuration mode.
admin@XorPlus#
```

【补充说明】

首先来了解一下操作模式与设定模式的差别。操作模式是管理并监视网络装置操作，例如，监视其接口状态、检查机箱告警信息，或将操作系统升级或降级。此为默认的命令提示列接口。此模式的提示是一个右角括号 ">"。设定模式是设定网络装置及其接口，包括用户存取、接口、通信协议或系统硬件特性。在操作模式下输入 "configuration" 命令便可进入。此模式的提示是一个井字号 "#"。

9. 配置管理界面

如果用户的 PicOS 版本低于 2.6，在配置的 shell 中，需要执行以下命令。

```
admin@XorPlus# set system management-ethernet eth0 address
192.168.16.101/24
admin@XorPlus# set system management-ethernet eth0 gateway
192.168.16.1
admin@XorPlus#
```

不同的 PicOS 版本。若是在配置管理界面时发现 PicOS 的版本大于 2.6，可以执行以下命令。

```
admin@XorPlus# set system management-ethernet eth0 ip-address
IPv4 192.168.16.101/24
 admin@XorPlus# set system management-ethernet eth0 ip-gateway
IPv4 192.168.16.1
```

10. 查看候选配置变化

一个 Xorp 的特点是可以对候选配置与当前运行的配置进行比较。在当前模式下输入 "show all" 命令来查看配置更新。

```
admin@XorPlus# show all
system {
management-ethernet eth0 {
```

```
> address: "192.168.16.101/24"
> gateway: 192.168.16.1
  }
}
```

11. 配置 VLANs

这里将配置一些基本的 L2/L3 交换,并用主机产生流量。

① 配置 vlan / vlan-id。配置 vlan / vlan-id 的方式如下。

```
admin@XorPlus# edit vlans
[edit vlans]
admin@XorPlus# set vlan-id 10
[edit vlans]
admin@XorPlus# show
> vlan-id 10 {
> }
  [edit vlans]
admin@XorPlus#
```

② 配置 3 层 vlan 接口。此步骤会配置 3 层网关,可以按照下面的步骤进行操作。

```
admin@XorPlus# top
admin@XorPlus# edit vlan-interface
[edit vlan-interface]
admin@XorPlus#
admin@XorPlus# set interface vlan10 vif vlan10 address
10.10.11.1
prefix-length 24
[edit vlan-interface]
admin@XorPlus# show
> interface vlan10 {
> vif vlan10 {
> address 10.10.11.1 {
> prefix-length: 24
> }
> }
> }
```

```
admin@XorPlus# top
admin@XorPlus# edit vlans vlan-id 10
[edit vlans vlan-id 10]
admin@XorPlus# show
[edit vlans vlan-id 10]
admin@XorPlus# set l3-interface vlan10
```

③ 添加 3 层 vlan 接口到 vlan。

④ 配置交换机端口。本步骤配置交换机端口并应用 vlan,依照下面所示的步骤进行配置。

```
admin@XorPlus# top
admin@XorPlus# set interface gigabit-ethernet ge-1/1/1 family
ethernet-switching native-vlan-id 10
admin@XorPlus# set interface gigabit-ethernet ge-1/1/2 family
ethernet-switching native-vlan-id 10
```

【补充说明】
    在 L2/L3 模式下如何设定网络接口的速度?
    在 L2/L3 设定模式下,可以将网络接口 ge-1/1/1 的速度设定成 100M,输入"set interface gigabit-ethernet ge-1/1/1 speed 100"命令。可以使用【Tab】键来显示速度参数 set interface gigabit-ethernet ge-1/1/1 speed(tab)。

⑤ 提交配置。完成上述设定后,还要提交候选配置以激活更改,更改内容直到用户执行提交操作后才会生效。在 Xorp 命令行输入"commit confirmed 15",然后等待 20 秒。

```
admin@XorPlus# commit confirmed 15
Will be automatically rolled back in 15 seconds unless confirmed
by new commit.
Commit OK.
admin@XorPlus# The configuration has been changed by user admin
DELETIONS:
…
Commit OK.
admin@XorPlus#
```

【补充说明】

　　用"confirmed 15"提交配置文件时,配置将施加 15 秒钟,然后回退。管理者可以临时更改,以确保不出现问题。当以这种方式执行一个提交操作时,用户必须通过执行后续的 commit 动作来确认更改。

⑥ 提交配置的改变。确认配置需要永久保持,可以按照 Xorp CLI 执行下面的步骤。

```
admin@XorPlus# commit confirmed 15
Will be automatically rolled back in 15 seconds unless confirmed
by new commit.
Commit OK.
admin@XorPlus#
admin@XorPlus#
admin@XorPlus# commit
Commit OK.
```

```
admin@XorPlus#
admin@XorPlus# top
admin@XorPlus# quit
admin@XorPlus>
```

12. 检查接口状态

　　当配置完基本的 L2/L3 后,用户仍需要验证网络状态,以确保可以连接两台主机。下面的内容用于验证物理接口是否 up。

```
admin@XorPlus> show interface brief | except Down
Interface Management Status Flow Control Duplex Speed
Description
-------------------------------------------------
ge-1/1/1 Enabled Up Disabled Full 1Gb/s
ge-1/1/2 Enabled Up Disabled Full 1Gb/s
```

13. 验证 VLAN 接口

　　验证物理接口属于正确的 VLAN。此时需要检查拓扑中的每个物理接口接收未标记的帧,并将其转发到 Vlan 10,可以输入 Xorp 命令。

129

```
admin@XorPlus> show vlans vlan-id 10
VLAN ID: 10
VLAN Name: default
Description:
vlan-interface: vlan10
Number of member ports: 2
Untagged port: ge-1/1/1,ge-1/1/2
Tagged port: None
```

14. 验证路由

若是 UP 状态的两个 switchports 正确配置在 Vlan 10 上，确保存在相应的路由。可以使用下面的 Xorp 命令进行验证。

```
admin@XorPlus> show route table ipv4 unicast connected
10.10.11.0/24 [connected(0)/0]
> via vlan10/vlan10
```

15. 验证主机是否可达

本步骤是从 Pica8 交换机验证主机是否可达。用户可以尝试 Ping 到每个主机的 IP 地址。输入 "ping" 命令，需要中断时可以按【Ctrl+C】组合键。

```
admin@XorPlus>
admin@XorPlus> ping 10.10.11.2
PING 10.10.11.2 (10.10.11.2) 56(84) bytes of data.
64 bytes from 10.10.11.2: icmp_req=1 ttl=63 time=2.94 ms
64 bytes from 10.10.11.2: icmp_req=2 ttl=63 time=2.71 ms
Command interrupted!
admin@XorPlus> ping 10.10.11.3
PING 10.10.11.3 (10.10.11.3) 56(84) bytes of data.
64 bytes from 10.10.11.3: icmp_req=1 ttl=63 time=6.80 ms
64 bytes from 10.10.11.3: icmp_req=2 ttl=63 time=2.83 ms
Command interrupted!
```

16. 验证 MAC 学习功能

下面的命令描述了如何从 XORP CLI 调试 MAC。输入 "show ethernet-switching table" 命令查看每个端口上学习到的单播条目。当上述步骤完成后，便完成了本实验，以及基本传统的网络配置方案和调试。

```
admin@XorPlus>
admin@XorPlus> show ethernet-switching table
Total entries in switching table: 7
Static entries in switching table: 0
Dynamic entries in switching table: 7
VLAN MAC address Type Age Interfaces User
-----------------------------------------
10 00: 19: e2: 57: 2d: 04 Dynamic 300 ge-1/1/2 xorp
10 00: 19: e2: 57: 2d: 05 Dynamic 300 ge-1/1/1 xorp
```

【补充说明】
　　在 L2/L3 模式中可以通过按【Tab】键查看上下文帮助，自动补全命令。以下是 cli 模式的其中一些帮助。例如，要从命令行界面进入 linux shell 时可以输入 "exit"。

命令	说明
cls	Clear the terminal screen（清除终端屏幕）
commit	Commit the current set of changes（提交当前的变化）
delete	Delete a configuration element（删除配置元素）
edit	Edit a sub-element（编辑元素）
execute	Execute the commands from a batch file（执行一个批处理文件）
exit	Exit from this configuration level（退出当前配置）
help	Provide help with commands（提供帮助）
load	Load configuration from a file（加载配置文件）
quit	Quit from this level（从当前配置层面退出）
request	Execute command in the system（系统请求命令）
rollback	Roll back to previous committed configuration（回滚到之前的配置）
run	Run an operational-mode command（运行一个运作模式）
save	Save configuration to a file（保存配置到一个文件中）
set	Set the value of a parameter or create a new element（设置一个参数的值或创建一个新元素）
show	Show the configuration（default values may be suppressed）（显示配置（默认值可能抑制））
status	Show users currently editing configuration（显示用户当前编辑配置）
top	Exit to top level of configuration（退出顶级配置）
up	Exit one level of configuration（退出一个级别的配置）

本章练习

一、简答题

1. 简述 #man tar-jcv 命令的意义。

2. 简述 sudo-i 限权获取命令的意义。

3. 简述 tar-jcv-f filename.tar.bz2 命令的意义。

4. 简述 date 命令的意义。

5. 简述 clear 命令的意义。

6. 简述 ls-F 命令的意义。

7. 简述 ls-l 命令的意义。

8. 简述 ls *[0–9]* 命令的意义。

9. 简述 mkdir dir1 命令的意义。

10. 简述 rm-f file1 命令的意义。

11. 简述 cp file1 file2 命令的意义。

12. 简述 touch-t 0712250000 file1 命令的意义。

13. 简述 find /-user user1 命令的意义。

14. 简述 find /-xdev-name *.rpm 命令的意义。

15. 简述 sort file1 file2 命令的意义。

16. 简述 comm-1 file1 file2 命令的意义。

17. 简述 ifconfig eth0 命令的意义。

18. 安装 Wireshark 时，在 root 用户环境下运行什么命令？

19. 验证 OVS 进程是否正在运行？

20. 重启交换机的命令有哪些？

二、问答题

1. 为什么 eth0 没有关联 IP 地址？

2. 出现提示 ovs-vsctl："'set' command requires at least 3 arguments" 是什么原因？

3. 如果之前创建的桥还存在，该如何将其删除？

4. 创建桥以后，桥的默认行为是什么样的？

5. br0 包含物理接口吗？

6. 当删除端口或者桥时，交换机的网线灯口会出现什么情况？

7. 在交换机上运行什么版本的 OpenFlow？

8. 当用网线连接两台个人计算机和交换机的 1、2 端口后，端口状态为什么还是 DOWN？

9. 交换机和控制器是否会打开一个会话？

10. 主机 A 还 Ping 得通主机 B 吗？

11. Pica8 交换机运行的是什么模式？

12. 如何在 L2/L3 模式下设定网络接口的速度？

第 7 章　SDN 进阶操作与应用实验

　　本章将介绍 SDN 的进阶操作与相关应用,进一步讨论 SDN 应用案例。还介绍 SDN 可以运行的经验与其他系统的关联性,让读者明白其发展过程。目前所知,已有一些应用已在使用,未来仍将继续发展新的应用。通过学习本章知识,需要掌握以下几个知识点。

1. 编辑器(Vi)。
2. 脚本(Shell Script)。
3. 程序语言编译程序(Gcc)。
4. 交换机配置功能。
5. 单租户防火墙配置。
6. 多租户防火墙配置。
7. 单租户路由器配置。
8. 多租户路由器配置。

7.1　Linux 进阶操作实验

本节将讨论 Linux 进阶操作实验,常用的有编辑器(Vi)、脚本(Shell Script)和程序语言编译程序(Gcc)等 3 项。

1. 编辑器(Vi)

Linux 有多种编辑方法,其中一种是 Vi。它有 3 种模式,分别是"一般指令模式""编辑模式"和"指令列命令模式"。它们各自的关系如图 7-1-1 所示,分别描述如下。

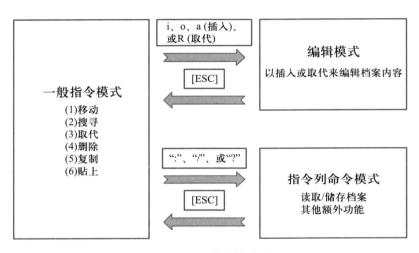

图 7-1-1　模式关系图

(1) 一般指令模式(Command Mode)

当 Vi 开启一个档案后,就可以进入一般指令模式,这是默认的模式,也是一般指令模式。此模式环境下,可以使用【↑】(上)、【↓】(下)、【←】(左)或【→】(右)等按键来移动光标,搜寻与取代档案内容,可以使用删除操作来处理档案内容的字符或整列,可以使用复制和粘贴操作来处理文件数据。

(2) 编辑模式(Insert Mode)

或许可以在一般指令模式中进行搜寻与取代、删除、复制、粘贴等动作,但是却无法编辑文件内容。直至用户按下【i】、【I】、【o】、【O】、【a】、【A】、【r】或【R】等任何一个字母之后才会进入编辑模式。一般在按下按键时,屏幕画面的左下方会出现 INSERT 或 REPLACE 字符,此时才是真正在进行编辑。此时,倘若要回到一般指令模式,可以按【Esc】键,此时才可以退出编辑模式。

(3) 指令列命令模式(Command-Line Mode)

在一般模式下,输入":""/"或"?",就可以将光标移动到最底下那一列。此模式主要用于"搜寻数据",其他如读取文件、储存文件、取代字符、离开 Vi 或显示行号的动作,都是在此模式中完成的。

针对下面会用到的程序,将编辑一个 C 语言的范例,进一步说明实际的编辑方式。

① 新建编辑文件。使用 Vi 建立一个名为 1st.c 的档案,可以输入下列命令行,然后进入一般指令模式,如图 7-1-2 所示。

图 7-1-2　新建编辑文件

② 显示文件内容。由于是新建文件,光标会在最上方,中间为空白,最下面是状态显示列信息,如图 7-1-3 所示。

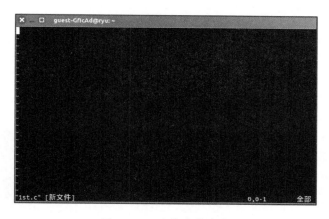

图 7-1-3　空白文件内容

③ 编辑 C 语言程序内容。按照前面介绍的方法进入编辑模式,开始编辑文字。在一般指令模式时,只要按下【i】、【o】或【a】字符就可以进入编辑模式。此时,键盘上除了【Esc】键之外,其他的按键可以视为一般的输入按钮,如图 7-1-4 所示。

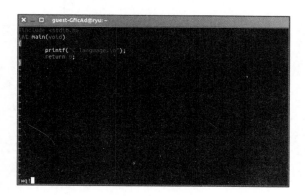

图 7-1-4　编辑文件内容

135

④ 返回一般指令模式。当编辑完成或是中途想要离开画面时，可以按【Esc】键回到一般指令模式，如图 7-1-4 所示。

⑤ 进入指令列模式。想要储存档案并离开 Vi 环境，需要有存盘（write）和离开（quit）指令，输入":wq"即可存档后离开 Vi 环境，如图 7-1-4 所示。

⑥ 跳离编辑画面。这时将显示如图 7-1-5 所示的结果。

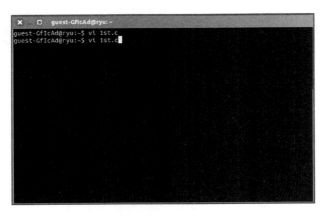

图 7-1-5　结果显示

【补充说明】

上面范例除了"i""Esc"和":wq"的指令之外，还有非常多的按键可以使用。Vi 的 3 种模式只有一般指令模式可以与编辑模式、指令列模式进行切换，编辑模式与指令列模式之间并不能切换，更多常用的 Vi 补充按键功能说明如下。

● 移动光标的方法。

h 或向左箭头键(←)：光标向左移动一个字符。

j 或向下箭头键(↓)：光标向下移动一个字符。

k 或向上箭头键(↑)：光标向上移动一个字符。

l 或向右箭头键(→)：光标向右移动一个字符。

Ctrl+f：屏幕向下移动一页。

Ctrl+b：屏幕向上移动一页。

Ctrl+d：屏幕向下移动半页。

Ctrl+u：屏幕向上移动半页。

0 或功能键 Home：移动到这一列的最前面字符。

$ 或功能键 End：移动到这一列的最后面字符。

H：光标移动到这个屏幕的最上方那一列的第一个字符。

M：光标移动到这个屏幕的中央那一列的第一个字符。

L：光标移动到这个屏幕的最下方那一列的第一个字符。

G：光标移动到这个档案的最后一列。

nG（n 为数字）：移动到这个档案的第 n 列。例如，20G 则会移动到这个档案的第 20 列（可配合：set nu）。

n<Enter>（n 为数字）：光标向下移动 n 列。

● 搜寻与取代的方法。

/word：向光标之下寻找一个名称为 word 的字符串。例如，要在档案内搜寻 test 这个字符串，就输入"/test"。

?word：向光标之上寻找一个字符串名称为 word 的字符串。

n：这个 n 是英文按键。代表重复前一个搜寻的动作。例如，如果刚刚执行"/test"命令去向下搜寻 test 这个字符串，则按下【n】键后，会向下继续搜寻下一个名称为 test 的字符串。如果是执行 test 的话，那么按下【n】键则会向上继续搜寻名称为 test 的字符串。

N：这个 N 是英文按键。与 n 刚好相反，为反向进行前一个搜寻动作。例如执行"/test"命令后，按下【N】键则表示向上搜寻 test。

● 删除、复制与贴上的方法。

x,X：在同一列字符，x 会向后删除一个字符（相当于【Delete】键），X 为向前删除一个字符（相当于【BackSpace】键）。

nx：n 为数字，连续向后删除 n 个字符。例如："10x"为连续删除 10 个字符。

dd：删除游标所在的那一整列。

ndd：n 为数字。删除光标所在的向下 n 列，例如，20dd 则是删除 20 列。

d1G：删除光标所在到第一列的所有数据。

dG：删除光标所在到最后一列的所有数据。

d$：删除游标所在处到该列的最后一个字符。

d0：那个是数字的 0，删除游标所在处到该列的最前面一个字符。

yy：复制游标所在的那一列（常用）。

nyy：n 为数字。复制光标所在的向下 n 列，例如，20yy 则是复制 20 列（常用）。

y1G：复制光标所在列到第一列的所有数据。

yG：复制光标所在列到最后一列的所有数据。

y0：复制光标所在的那个字符到该列行首的所有数据。

y$：复制光标所在的那个字符到该列行尾的所有数据。

p,P：p 为将已复制的数据在光标下一列粘贴上，P 则为粘贴在游标上一列。

J：将光标所在列与下一列的数据结合成同一列。

c：重复删除多个数据，例如：向下删除 10 列为"10cj"。

u：复原前一个动作。

Ctrl+r：重做上一个动作。

.：按下小数点"."，重复前一个动作，包含删除、重复或粘贴等。

● 插入或取代的编辑方法。

i,I 插入模式：i 为在目前光标所在处插入,I 为在目前所在列的第一个非空格符处开始插入。

a,A 插入模式：a 为在目前光标所在的下一个字符处开始插入,A 为在光标所在列的最后一个字符处开始插入。

o,O 插入模式：这是英文字母 o 的大小写。o 为在目前光标所在的下一列处插入新的一列。O 为在目前光标所在处的上一列插入新的一列。

r,R 取代模式：r 会取代光标所在的那一个字符一次。R 会一直取代光标所在的文字,直到按下【 Esc 】键为止。

● 储存或离开的方法。

: w:将编辑的数据写入硬盘档案中。

: q:离开 Vi。

: q!:使用 ! 为强制离开不储存档案。

: wq:储存后离开。

: wq!:强制储存后离开。

: w [filename]:将编辑的数据储存成另一个档案。

: r [filename]:编辑的数据中,读入另一个档案的数据。也就是将"filename"档案内容加到游标所在列的后面。

: n1,n2 w [filename]:将 n1 到 n2 的内容储存成"filename"这个档案。

: ! command:暂时离开 Vi 到指令列模式下执行 command 的显示结果。例如:": ! ls /home"即可在 Vi 中查看 /home 底下以 ls 输出的档案信息。

2. 脚本（Shell Script）

脚本的制作很重要,它可以批处理平时常用的工作,减少重复性工作,进而帮助开发程序或管理 Linux。下面简要呈现脚本操作过程的范例。

① 新建一个脚本。这里新建一个"hello world"脚本,如图 7-1-6 所示。

图 7-1-6　编辑脚本

② 输入命令。整个 script 中，# 是批注用途。主要程序需要 echo 那一行，"exit 0"是离开，代表离开 script 并且回传一个 0 给系统。所以，若下达 echo $ 时，则可以得到 0 的值，如图 7-1-7 所示。

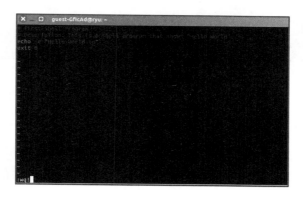

图 7-1-7　编辑脚本内容

③ 运行脚本。执行 "sh helloworld.sh" 命令，显示界面如图 7-1-8 所示。看起来有一些不必要的信息，如 "-e"。

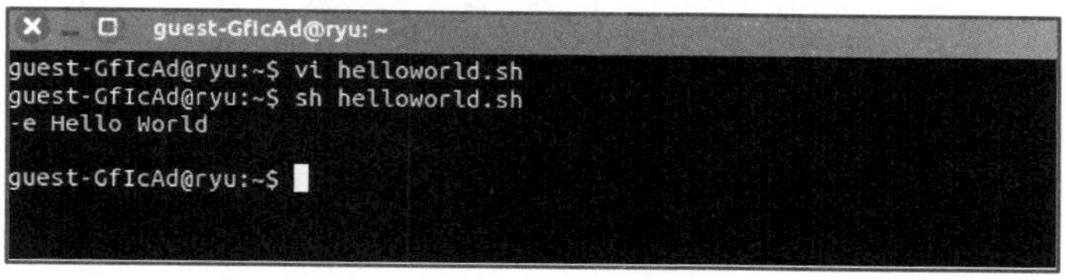

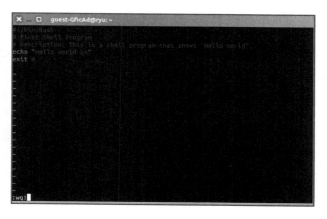

图 7-1-8　结果显示错误

④ 修改脚本内容。为了使显示结果不出现不该有的信息，则删除 "-e"，如图 7-1-9 所示。

图 7-1-9　修改脚本内容

⑤ 重新运行脚本,结果如图 7-1-10 所示。

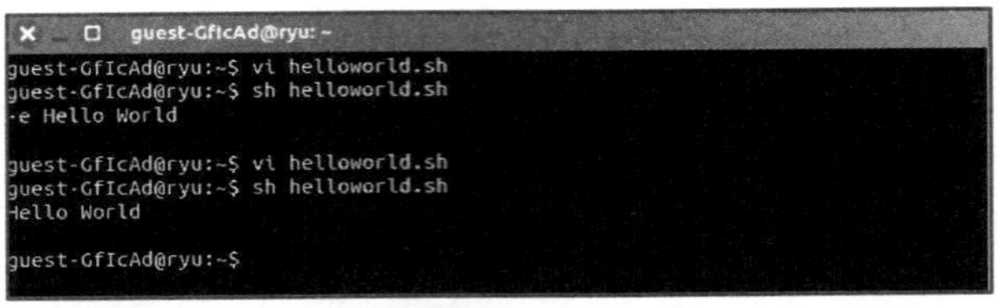

图 7-1-10 结果显示

3. 程序语言编译程序(Gcc)

Linux 提供了 Gcc 的编译方式,可以自行开发 C 语言程序,自行建立相关应用。

① 编译程序。接续 Vi 编辑器的范例,输入"gcc 1st.c"编译,若是没有错误,则不会显示错误信息,如图 7-1-11 所示。

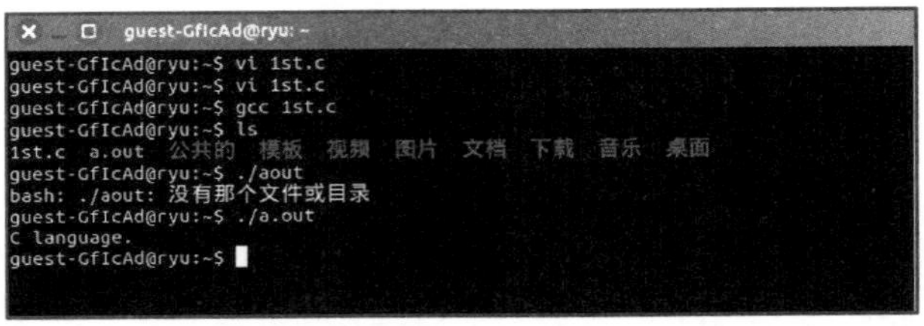

图 7-1-11 编译程序和结果显示

② 运行程序。如图 7-1-11 所示,使用"ls"命令会发现多出 a.out 的运行档案,相当于 Windows 操作系统中的 EXE 档案。此时,输入"./a.out",它会到所在目录运行程序并显示结果。

7.2 交换机配置实验

交换机(Switching Hub)拥有许多功能,这里介绍交换机的几个简单功能。

① 学习连接到端口 host 的 MAC 地址,并且记录在 MAC 地址表中。

② 对于已经记录下来的 MAC 地址,若是收到送往该 MAC 地址的封包,则转送该封包到相对应的端口。

③ 对于未指定目标地址的封包,则执行 Flooding,本节使用 Ryu 来实现这样一个交换机。

交换机的实作过程需要用到 OpenFlow,OpenFlow 交换机会接受来于 Controller 的指令并完成以下功能。这些功能组合起来就是可以实现一台交换机。

① 对于接收到的封包进行修改或针对指定的端口进行转送。

② 对于接收到的封包执行转送到 Controller 的动作,称之为"Packet-In"。

③ 对于接收到来自 Controller 的封包,将转送到指定的端口,称之为"Packet-In"。

下面利用 Packet-In 的功能来学习 MAC 地址的应用,Controller 使用 Packet-In 接收来自交换器的封包后进行分析,会得到端口相关数据和所连接 host 的 MAC 地址。在学习后,对所收到的封包进行转送,在已经学习的 host 数据中检索封包的目的地址,根据检索的结果按下列方式进行处理。

① 如果已经存在记录中的 host。使用 Packet-Out 功能转送到先前所对应的端口。

② 如果尚未存在记录中的 host。使用 Packet-Out 功能来达到洪泛法(Flooding),下面将一步一步地进行说明并附上图片以帮助理解。所谓的洪泛法(Flooding)是一种简单的路由算法,将所收到的封包往所有可能连结路由器的路径上递送,直到封包到达为止。

范例:假设要完成一个封包基本的交换流程。有 Host A、Host B 和 Host C 3 台计算机,经由一台交换机,各自对应的接口是 1、3 和 4。此时需要考虑以下 4 个步骤。

① 初始状态。设定初始系统的状态。

② host A→host B。检测 host A 与 host B 是否存在通信状况。

③ hostB→hostA。host B 收到信息后,回馈给 host A。

④ hostA→hostB。host A 开始传送信息给 host B。

执行 Ryu 应用程序。由于需要执行交换机,OpenFlow 交换机采用 OpenvSwitch,执行环境则是 Mininet。由于 Ryu 使用的 OpenFlowTutorialVM 映像档,可以方便运行程序。更多信息可以参考以下说明。

参考 VM 映像档
http://sourceforge.net/projects/ryu/files/vmimages/OpenFlowTutorial/
OpenFlow_Tutorial_Ryu3.2.ova(约 1.4GB)
参考相关文件(Wiki 网页)
https://github.com/osrg/ryu/wiki/OpenFlow_Tutorial

下面本节将分为几个步骤来说明。

① 执行 Mininet。在执行 Mininet 的过程中,需要的终端机 xterm 是从 Mininet 中启动登录交换机指令"$ssh -X admin@ <控制器的 ip>"(若是操作控制器则不需要进行此步骤)。录入以后使用指令 mn 启动 Mininet 环境。此时,若要符合范例提出的构建条件,就需要创建一个拥有 3 台 host、1 台交换机的环境。指令与 mn 命令的参数说明为"$ sudo mn --topo single,3 --mac --switch ovsk --controller remote -x"。此外,运行此指令后,呈现的内容有建立网络、加入控制器、加入 hosts 主机、加入交换机、加入链接、设定主机、运行 localhost 网络、开启控制机和启动一个交换机,以及启动 CLI 等。结果如下。

名称	数值	说明
Topo	single,3	交换器 1 台、host3 台的拓扑
Mac	无	自动设定 host 的 MAC 地址
switch	ovsk	使用 Openv Switch
X	无	启动 xterm

```
***Creating network
***Adding controller
Unable to contact the remote controller at 127.0.0.1:6633
***Adding hosts:
h1 h2 h3
***Adding switches:
s1
***Adding links:
(h1,s1)(h2,s1)(h3,s1)
***Configuring hosts
h1 h2 h3
***Running terms on localhost:10.0
***Starting controller
***Starting 1 switches
s1
***Starting CLI:
mininet>
```

同时，会在 xwindows 上出现 5 个 xterm 窗口，分别对应 host 1~host 3、交换机 "switch: s1
（root）" 和 Controller，显示如图 7-2-1 所示。

② 设置 OpenFlow 版本。在交换机的 xterm 窗口中设定 OpenFlow 的版本，窗口的标题为
"switch: s1（root）"。需要查看 Open vSwitch 的状态，如 switch: s1。从显示的信息中可以看出，交
换机的默认端口为 6633，在交换机上存在 s1 网桥和 3 个端口，如图 7-2-2 所示。

③ 查看网桥和端口。交换器（网桥）s1 被建立，并且增加了 3 个端口，分别连接到 3 个 host。
启动 Mininet 时 s1 网桥便被建立，并在上边添加 3 个端口，此时，可以发现目前所处的模式为
ovs，如图 7-2-3 所示。

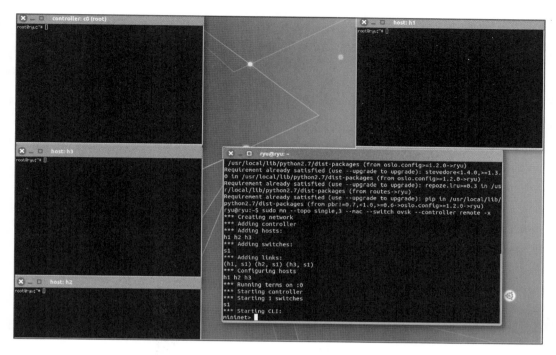

图 7-2-1　5 个 xterm 窗口

```
oot@ryu:~# ovs-vsctl show
710bbe60-7e1a-4f72-bcce-626fc0d627bb
    Bridge "s1"
        Controller "ptcp:6634"
        Controller "tcp:127.0.0.1:6633"
        fail_mode: secure
        Port "s1-eth2"
            Interface "s1-eth2"
        Port "s1-eth3"
            Interface "s1-eth3"
        Port "s1-eth1"
            Interface "s1-eth1"
        Port "s1"
            Interface "s1"
                type: internal
    ovs_version: "2.0.2"
oot@ryu:~#
```

图 7-2-2　设置 OpenFlow 版本

```
oot@ryu:~# ovs-dpctl show
ystem@ovs-system:
        lookups: hit:13 missed:16 lost:0
        flows: 0
        port 0: ovs-system (internal)
        port 1: s1 (internal)
        port 2: s1-eth1
        port 3: s1-eth2
        port 4: s1-eth3
oot@ryu:~#
```

图 7-2-3　查看网桥和端

④ 设定交换机版本。这里的 OpenFlow 版本为 1.3。以 switch: s1 的角度来输入 "ovs-vsctl set Bridge s1 protocols=OpenFlow13" 命令。设定 OpenFlow 的版本为 1.3 的原因是，在后边的步骤中启动的 Ryu 程序为 1.3 版本，如图 7-2-4 所示。

⑤ 检查空白的 Flow table。在 switch: s1（root）窗口中输入 "ovs-ofctl -O OpenFlow13 dump-flows s1" 命令，如图 7-2-5 所示。

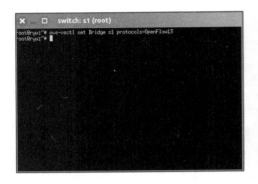
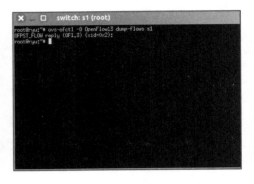

图 7-2-4　设定交换机版本　　　　　　图 7-2-5　检查空白的 Flow table

⑥ 初始状态完成（步骤 ①）。此时 Flow table 应该为空白状态，它将 host A 接到端口 1，host B 接到端口 4，host C 接到端口 3。在没有进行封包传递时，流表呈现的是空白状态，如图 7-2-6 所示。

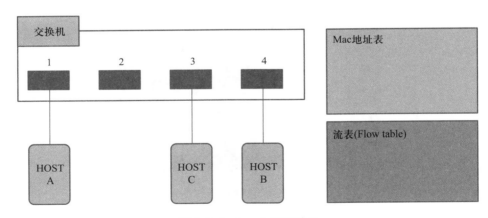

图 7-2-6　host A 接到端口

⑦ 启动 Ryu 应用程序。如图 7-2-7 所示，在窗口标题为 "controller: c0（root）" 的 xterm 上执行指令 "ryu-manager --verbose ryu.app.simple_switch_13"。在管理员权限下加载 Ryu 源程序代码。现在 OVS 已经连接，可以发现信息中出现了 hello，此时 hand shake 已经执行完毕，Table-miss Flow Entry 已经加入，正处于等待 Packet-In 的状态。完成后就会显示下述的信息与操作结果。

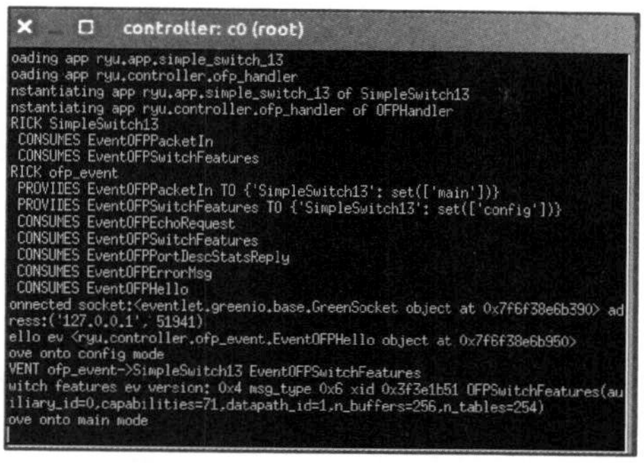

图 7-2-7　执行 Ryu 应用程序

controller: c0:

root@ryu-vm: ~# ryu-manager --verbose ryu.app.simple_switch_13

loading app ryu.app.simple_switch_13

loading app ryu.controller.ofp_handler

instantiating app ryu.app.simple_switch_13

instantiating app ryu.controller.ofp_handler

BRICK SimpleSwitch13

CONSUMES EventOFPSwitchFeatures

CONSUMES EventOFPPacketIn

BRICK ofp_event

PROVIDES EventOFPSwitchFeatures TO {'SimpleSwitch13': set(['config'])}

PROVIDES EventOFPPacketIn TO {'SimpleSwitch13': set(['main'])}

CONSUMES EventOFPErrorMsg

CONSUMES EventOFPHello

CONSUMES EventOFPEchoRequest

CONSUMES EventOFPPortDescStatsReply

CONSUMES EventOFPSwitchFeatures

connectedsocket:<eventlet.greenio.GreenSocket object at 0x2e2c050> address

:('127.0.0.1',53937)

hello ev <ryu.controller.ofp_event.EventOFPHello object at 0x2e2a550>

move onto config mode

EVENT ofp_event->SimpleSwitch13 EventOFPSwitchFeatures

switch features ev version:0x4 msg_type 0x6 xid 0xff9ad15b OFPSwitchFeatures(

```
auxiliary_id=0,capabilities=71,datapath_id=1,n_buffers=256,n_
tables=254)
    move onto main mode
    connected socket:<....
    hello ev...
    ...
```

正在进行 OVS 的连接动作，这需要花费一点时间，如图 7-2-7 所示。

【补充说明】
　　OpenFlow 交换器的握手协议完成之后，新增 Table-miss Flow Entry 到 Flow table 中为接收 Packet–In 信息做准备。接收到 Switch features（Features reply）信息后就会新增 Table-miss Flow Entry。其中，ev.msg 是用来储存对应事件的 OpenFlow 信息类别实体。在本实例中则是 ryu.ofproto.ofproto_v1_3_parser. –OFPSwitchFeatures。msg.datapath 用来储存 OpenFlow 交换器的 ryu.controller.-controller.Datapath 类别所对应的实体。Datapath 类别用来处理 OpenFlow 交换机的重要信息，例如，执行与交换机的通信，以及触发接收信息相关的事件。Ryu 应用程序所使用的主要属性如下。

名称	说明
id	连接 OpenFlow 交换机的 ID（datapathID）。
ofproto	表示使用的 OpenFlow 版本所对应的 ofprotomodule。目前的状况为下述之一。
	ryu.ofproto.ofproto_v1_0
	ryu.ofproto.ofproto_v1_3
	ryu.ofproto.ofproto_v1_4
ofproto_parser	和 ofproto 一样，表示 ofproto_parsermodule。目前的状况为下述之一。
	ryu.ofproto.ofproto_v1_0_parser
	ryu.ofproto.ofproto_v1_2_parser
	ryu.ofproto.ofproto_v1_3_parser
	ryu.ofproto.ofproto_v1_4_parser

　　Table-miss Flow Entry 的优先权为 0（最低的优先权），此 Entry 可以 match 所有的封包。这个 Entry 的 Instruction 通常指定为 output action，并且输出的端口将指向 Controller。因此，当封包没有 match 任何一个普通 Flow Entry 时，则触发 Packet–In。

　　批注：目前的 Open vSwitch 对于 OpenFlow1.3 以前的版本 Packet–In 是一个基本功能。包括 Table-miss Flow Entry 也尚未被支持，仅仅是使用一般的 FlowEntry 取代。

为了 match 所有的封包产生空的 match,match 表示于 OFPMatch 类别中。然后,为了转送到 Controller 端口,将会产生 OUTPUT action 类别(OFPActionOutput)的实例。Controller 会被指定为封包的目的地,OFPCML_NO_BUFFER 会被设定为 max_len,以便进行接下来的封包传送。

> 批注:送往 Controller 的封包可以仅只传送 header 部分(Ethernet header),剩下的则存在缓冲区间以增加效率。目前,Open vSwitch 会传送所有的封包,并不会只传送 header。

最后,将优先权设定为 0(最低优先权),然后执行 add_flow() 方法以发送 FlowMod 信息。

⑧ 确认加入 Table-miss FlowEntry。在 switch: s1 (root) 窗口中输入命令 "ovs-ofctl -O openflow13 dump-flows s1"。输出结果如图 7-2-8 所示,其中发送的资料大小为 65535(priority=0actions=CONTROLLER: 65535)。

⑨ 确认操作过程。从 host 1 向 host 2 发送 Ping,此时有以下 4 种过程与说明,如表 7-2-1 所示。

图 7-2-8　加入 Table-miss FlowEntry

表 7-2-1　过程名称与说明

过程名称	说明
ARP request	此时 host 1 并不知道 host 2 的 MAC 地址,原则上 ICMP echo request 之前的 ARP request 是用广播的方式发送的。这样的广播方式会让 host 2 和 host 3 都同样接收到信息
ARP reply	host 2 使用 ARP reply 回复 host 1 要求
ICMP echo request	现在 host 1 知道 host 2 的 MAC 地址,因此发送 echo request 给 host 2
ICMP echo reply	host 2 此时也知道 host 1 的 MAC 地址,因此发送 echo reply 给 host 1

⑩ 确认 h1 封包接收。在执行 Ping 命令之前,需要确认每一台 host 都可以收到,以便执行 tcpdump 确认封包确实被接收。这里 tcpdump 指出,可以将网络中传送的数据包的"头"完全截获下来提供分析。它支持针对网络层、协议、主机、网络或端口的过滤,并提供 and、or 和 not 等逻辑语句来帮助去掉无用的信息。TcpDump 的总的输出格式为包含系统时间、来源主机、端口、目标主机、端口和数据包参数。在 host: h1 窗口中输入命令 "tcpdump -en -i h1-eth0",操作结果如图 7-2-9 所示。

⑪ 确认 h2 封包接收。在 host: h2 窗口中输入命令 "tcpdump -en -i h2-eth0",操作结果如图 7-2-10 所示。

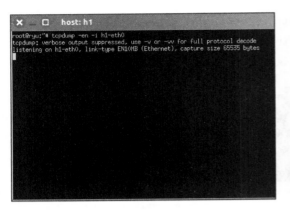

图 7-2-9　接收 h1 封包

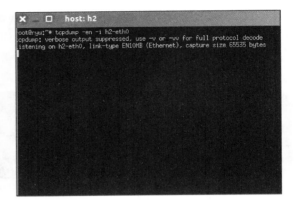

图 7-2-10　接收 h2 封包

⑫ 确认 h3 封包接收。在 host: h3 窗口中输入命令"tcpdump -en -i h3-eth0",操作结果如图 7-2-11 所示。

⑬ 测试连通性。在终端机执行 mn 命令,并从 host 1 发送 Ping 到 host 2。结果发现 ICMP echo reply 被正常回复,代表连通性测试成功。操作结果如图 7-2-12 所示。

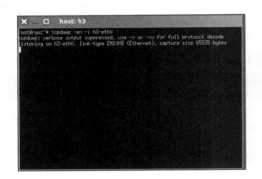

图 7-2-11　接收 h3 封包

图 7-2-12　测试连通性

⑭ 确认 Flow table。到目前为止,仍需要确认 Flow table。在 switch: s1: 环境下输入"ovs-ofctl -O openflow13 dump-flows s1"命令。

```
root@ryu-vm: ~# ovs-ofctl -O openflow13 dump-flows s1
OFPST_FLOW reply (OF1.3)(xid=0x2):
    cookie=0x0,  duration=417.838s,       table=0,   n_packets=3,
n_bytes=182,priority=0
    actions=CONTROLLER: 65535
    cookie=0x0,  duration=48.444s,        table=0,   n_packets=2,
n_bytes=140,priority=1,
```

```
in_port=2,dl_dst=00:00:00:00:00:01 actions=output:1
    cookie=0x0,   duration=48.402s,         table=0,    n_packets=1,
n_bytes=42,          priority=1,in_port=1,dl_dst=00:00:00:00:00:02
actions=output:2
```

⑮ 检查 simple_switch_13 的输出。检查一下 simple_switch_13 的 log 输出档案。在 controller: c0: 环境下进行检查。如图 7-2-13 所示，第一个 Packet-In 是由 host1 发送的 ARP request，由于是通过广播的方式，所以没有流表存在，故发送 Packet-Out。第二个是从 host 2 回复的 ARP reply，目的 MAC 地址为 host 1，因此前述的 Flow Entry ① 被新增。第三个是从 host 1 向 host 2 发送的 ICMP echo request，因此新增流表 ② 的 host 2 向 host 1 回复 ICMP echo reply，则会和流表 ① 发生匹配，故直接转送封包到 host 1 而无须发送 Packet-In。

⑯ 查看 host 1 上 tcpdump 的结果。最后，需要查看每一个 host 上的 tcpdump 所呈现的结果。在 host: h1 窗口中的显示画面上，首先，host 1 发送广播 ARP 请求封包，接着接收到 host 2 送来的 ARP 回复。接着 host 1 发送 ICMP echo 请求，host 2 则回复 ICMP echo，操作结果如图 7-2-14 所示。

图 7-2-13　检查 simple_switch_13 的输出

图 7-2-14　host 1 上 tcpdump 的结果

⑰ host A→host B 完成（步骤 ②）。如图 7-2-15 所示，当 host A 向 host B 发送封包后，会触发 Packet-In 信息。Host A 的 MAC 地址会被端口 1 记录下来。由于 host B 的 MAC 地址尚未被学习，因此会进行 Flooding 并向 host B 和 host C 发送封包。

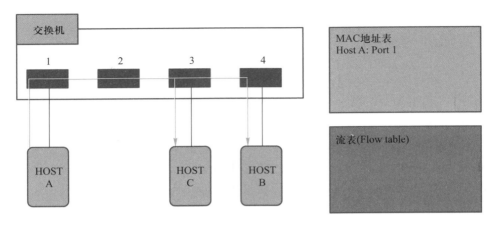

图 7-2-15　host A→host B 完成

【补充说明】

目前 Packet-In 和 Packet-Out 的状态如下。

Packet-In:

in-port: 1

eth-dst: hostB

eth-src: hostA

Packet-Out:

action: OUTPUT: Flooding

（host B 尚未学习 MAC 所触发的 flooding）

⑱ 查看 host 2 上 tcpdump 的结果。首先，在 host: h2 窗口的接口上输入"tcpdump -en -i h2-eth0"命令。第二个是从 host 2 回复的 ARP reply，由于目的 MAC 地址为 host 1，因此前述的 Flow Entry ① 被新增，操作结果如图 7-2-16 所示。

⑲ host B→host A 完成（步骤 ③）。如图 7-2-17 所示，封包从 host B 向 host A 返回时，在流表（Flow table）中新增一笔条目（Flow Entry），并将封包转送到端口 1。因此，该封包并不会被 host C 收到。

图 7-2-16　host 2 上 tcpdump 的结果

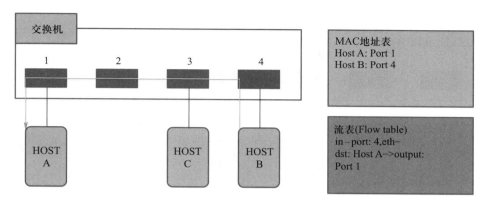

图 7-2-17　host B→host A 完成

【补充说明】
目前 Packet-In 和 Packet-Out 的状态如下。
Packet-In:
in-port: 4
eth-dst: host A
eth-src: host B

Packet-Out:
action: OUTPUT: port1

⑳ 查看 host 3 上 tcpdump 的结果。对 host 3 而言,仅有一开始接收到 host 1 的广播 ARP request,未做其他动作,操作结果如图 7-2-18 所示。

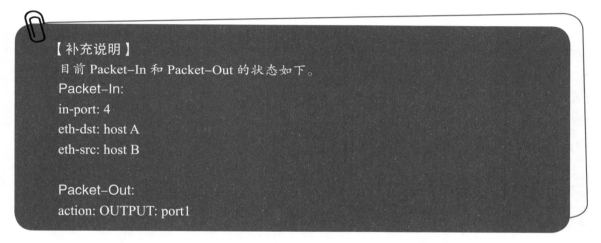

图 7-2-18　host 3 上 tcpdump 的结果

㉑ hostA→hostB 完成(步骤 ④)。如图 7-2-19 所示,host A 再一次向 hostB 发送封包,在 Flow table 中新增一个 Flow Entry,接着转送封包到端口 4。现在从 host A 发送封包就不会触发 flooding 的原因是,host B 学习了 host A 的 MAC 地址,所以不会触发 flooding。

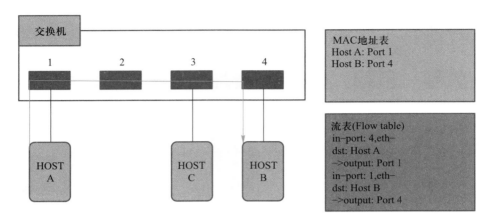

图 7-2-19　hostA→hostB 完成

【补充说明】

目前 Packet-In 和 Packet-Out 的状态如下。

Packet-In:

in-port: 1

eth-dst: hostB

eth-src: hostA

Packet-Out:

action: OUTPUT: port4

㉒ 总结。本节以简单的交换机安装为例,对 Ryu 应用程序的基本安装步骤和 OpenFlow 交换机的简单操作方法进行了简要说明。

7.3　单租户防火墙配置实验

在创建网管硬件设备的过程中,防火墙的设置是很重要的一个部分。进入 SDN 后,防火墙的设置同样重要。一般有单租户(single tenant)和多租户(multi tenant)两种防火墙配置的方式。本节利用 REST 的方式配置 single tenant 防火墙,讲解如何建立如图 7-3-1 所示的拓扑结构,并且将对交换机 s1 进行路由的增加和删除。

① 环境构筑。在 Mininet 上输入指令,与交换机(Switching Hub)类似,需要建构一个拥有 3 台 host、1 台交换机的环境,如图 7-3-2 所示。

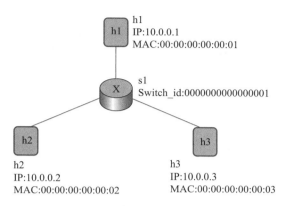

图 7-3-1 单租户防火墙配置图

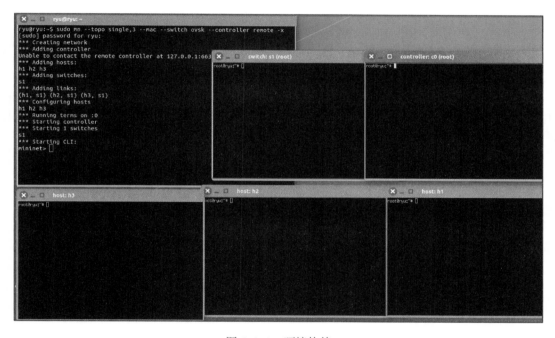

图 7-3-2 环境构筑

② 建立一个新的 xterm。建立一个新的 xterm 用来操作 Controller，打开一个 xterm 窗口来操作 controller 很重要，因为后续需要打开防火墙查看阻挡信息。操作结果如图 7-3-3 所示。

```
mininet>  xterm c0
mininet>
```

图 7-3-3　建立一个新的 xterm

③ OpenFlow 的版本设定。在窗口 switch: s1（root）中输入指令，将 OpenFlow 的版本设定为 1.3，结果如图 7-3-4 所示。

④ 启动防火墙。最后在控制器 controller 的 xterm 上启动防火墙，在 controller: c0（root）: 窗口中输入 "ryu-manager ryu.app.rest_firewall"。若发现 Ryu 和交换机中间的连线已经完成，会出现 "[FW][INFO] switch_id=0000000000000001: Join as firewall" 的信息，如图 7-3-5 所示。

图 7-3-4　OpenFlow 的版本设定

图 7-3-5　启动防火墙

⑤ 改变初始状态。启动防火墙后，在初始状态下全部网络都会处于无法连线的状态。接下来通过输入命令使其生效，并开放网络的连线。在 Node: c0（root）窗口中输入 "curl –X PUT http: //localhost: 8080/firewall/ module/enable/00000000 00000001"。输出结果如图 7-3-6 所示，其中 "0000000000000001" 是交换机的 ID。

⑥ 确认从 h1 向 h2 的联机状态。可以从 h1 向 h2 执行 Ping 命令，因为存取的权限规则并没有被设定，所

图 7-3-6　改变初始状态

以目前处于无法连通的状态。在 host: h1 窗口中输入"ping 10.0.0.2"命令,如图 7-3-7 所示。

⑦ 记录封包过程。将封包传送过程被阻挡的地点写进记录档(log)中。在 controller: c0(root)窗口中显示如图 7-3-8 所示的结果。由于防火墙只允许通过设定规则的数据通过,所以不符合规定的数据会被阻挡。

图 7-3-7　从 h1 向 h2 联机　　　　　图 7-3-8　封包过程

来源	目的	通信协定	连线状态	规则 ID
10.0.0.1/32	10.0.0.2/32	ICMP	通过	1
10.0.0.2/32	10.0.0.1/32	ICMP	通过	2

⑧ 新增规则。增加 h1 和 h2 之间允许 Ping 发送的规则(在防火墙上添加规则),这些新增的规则会自动编码。相关参数说明与在 Node: c0(root)窗口中的操作如下。新增规则的具体操作如图 7-3-9 所示。

图 7-3-9　新增规则

```
root@ryu-vm:~#curl -X POST -d'{"nw_src":"10.0.0.1/32","nw_dst":
"10.0.0.2/32",
    "nw_proto":"ICMP"}'http://localhost:8080/firewall/rules/
0000000000000001
    [
        {
            "switch_id":"0000000000000001",
```

```
        "command_result":[
        {
        "result":"success",
        "details":"Ruleadded.:rule_id=1"
        }
        ]
    }
]
root@ryu-vm:~#curl -X POST -d'{"nw_src":"10.0.0.2/32","nw_dst":
"10.0.0.1/32",
    "nw_proto":"ICMP"}'http://localhost:8080/firewall/rules/
0000000000000001
[
    {
        "switch_id":"0000000000000001",
        "command_result":[
        {
            "result":"success",
            "details":"Ruleadded.:rule_id=2"
            }
        ]
    }
]
```

⑨ 验证新增规则。在防火墙上添加指定的规则后,执行 Ping 操作,可以发现都能够取得封包,表示验证成功,如图 7-3-10 所示。

⑩ 注册新增规则。将增加的规则作为 Flow Entry 被注册到交换机中,在 switch: s1(root)窗口中输入 "ovs-ofctl -O openflow13 dump-flows s1"命令。

图 7-3-10　验证新增规则

```
root@ryu-vm: ~#ovs-ofctl -O openflow13 dump-flowss1
OFPST_FLOW reply(OF1.3)(xid=0x2):
cookie=0x0,duration=823.705s,table=0,n_packets=10,n_bytes=420,
priority=65534,
   arpactions=NORMAL
cookie=0x0,duration=542.472s,table=0,n_packets=20,n_bytes=1960,
priority=0
   actions=CONTROLLER: 128
cookie=0x1,duration=145.05s,table=0,n_packets=0,n_bytes=0,
priority=1,icmp,
   nw_src=10.0.0.1,nw_dst=10.0.0.2 actions=NORMAL
cookie=0x2,duration=118.265s,table=0,n_packets=0,n_bytes=0,
priority=1,icmp,
   nw_src=10.0.0.2,nw_dst=10.0.0.1 actions=NORMAL
```

⑪ 在 h2 与 h3 之间新增规则。接着在 h2 和 h3 之间新增加规则,允许包含 Ping 的所有 IPv4 封包通过。在 Node: c0(root)窗口中输入下面指令来新增规则。

来源	目的	通信协定	连线状态	规则 ID
10.0.0.2/32	10.0.0.3/32	any	通过	3
10.0.0.3/32	10.0.0.2/32	any	通过	4

```
root@ryu-vm:~#curl -X POST -d'{"nw_src":"10.0.0.2/32","nw_dst":
"10.0.0.3/32"}'http: //localhost: 8080/firewall/rules/0000000000000001
   [
      {
         "switch_id":"0000000000000001",
         "command_result": [
         {
            "result":"success",
            "details":"Ruleadded.: rule_id=3"
            }
         ]
      }
   ]
root@ryu-vm: ~#curl -X POST -d'{"nw_src":"10.0.0.3/32","nw_dst":
"10.0.0.2/32"}'
```

```
http://localhost:8080/firewall/rules/0000000000000001
[
    {
        "switch_id":"0000000000000001",
        "command_result": [
        {
            "result": "success",
            "details": "Ruleadded.: rule_id=4"
            }
        ]
    }
]
```

⑫ 注册新增规则。将增加的规则作为 Flow Entry 被注册到交换机中，在 switch: s1（root）窗口中输入"ovs-ofctl -O openflow13 dump-flows s1"命令，如图 7-3-11 所示。

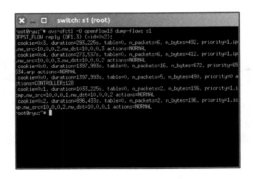

图 7-3-11　注册新增规则

```
root@ryu:~# ovs-ofctl -O openflow13 dump-flows s1
OFPST_FLOW reply(OF1.3)(xid=0x2):
cookie=0x3,duration=12.724s,able=0,n_packets=0,n_bytes=0,
priority=1,ip,
nw_src=10.0.0.2,nw_dst=10.0.0.3 actions=NORMAL
cookie=0x4,duration=3.668s,table=0,n_packets=0,n_bytes=0,
priority=1,p,nw_src=10.0.0.3,nw_dst=10.0.0.2actions=NORMAL
cookie=0x0,duration=1040.802s,table=0,n_packets=10,n_bytes=420,
priority
=65534,arpactions=NORMAL
cookie=0x0,duration=759.569s,table=0,n_packets=20,n_bytes=1960,
priority=0
```

```
actions=CONTROLLER: 128
   cookie=0x1,duration=362.147s,table=0,n_packets=0,n_bytes=0,
priority=1,icmp,
   nw_src=10.0.0.1,nw_dst=10.0.0.2 actions=NORMAL
   cookie=0x2,duration=335.362s,table=0,n_packets=0,n_bytes=0,
priority=1,icmp,
   nw_src=10.0.0.2, nw_dst=10.0.0.1 actions=NORMAL
```

⑬ 设定规则的优先权（添加规则 5 和规则 6）。新增阻断 h2 和 h3 之间的 Ping（ICMP）封包规则，将优先权的预设值设定为大于 1 的值。在 Node: c0（root）窗口中输入以下输出接口，如图 7-3-12 所示。

图 7-3-12 设定规则的优先权

优先权	来源	目的	通信协定	连线状态	规则 ID
10	10.0.0.2/32	10.0.0.3/32	ICMP	中断	5
10	10.0.0.3/32	10.0.0.2/32	ICMP	中断	6

```
root@ryu-vm:~#curl -X POST -d'{"nw_src":"10.0.0.2/32",
"nw_dst": "10.0.0.3/32","nw_proto": "ICMP","actions":
"DENY","priority": "10"}'http: //localhost: 8080/firewall/
rules/0000000000000001
   [
      {
        "switch_id":"0000000000000001",
        "command_result": [
          {
            "result":"success",
```

```
                 "details": "Ruleadded.:rule_id=5"
             }
         ]
     }
 ]
 root@ryu-vm:~#curl -X POST -d'{"nw_src":"10.0.0.3/32","nw_dst":
 "10.0.0.2/32","nw_proto": "ICMP","actions": "DENY","priority":
 "10"}'http://localhost:8080/firewall/rules/0000000000000001
 [
     {
         "switch_id":"0000000000000001",
         "command_result": [
         {
             "result":"success",
             "details":"Ruleadded".:rule_id=6
             }
         ]
     }
 ]
```

⑭ 注册新增规则。将增加的规则作为 Flow Entry 被注册到交换机中,在 switch: s1(root)窗口中输入"ovs-ofctl -O openflow13 dump-flows s1"命令,如图 7-3-13 所示。

图 7-3-13　注册新增规则

```
 root@ryu-vm:~#ovs-ofctl -O openflow13 dump-flows s1
 OFPST_FLOW reply(OF1.3)(xid=0x2):
 cookie=0x3,duration=242.155s,table=0,n_packets=0,n_bytes=0,
priority=1,ip,
```

```
nw_src=10.0.0.2,nw_dst=10.0.0.3actions=NORMAL
   cookie=0x4,duration=233.099s,table=0,n_packets=0,n_bytes=0,
priority=1,ip,
   nw_src=10.0.0.3,nw_dst=10.0.0.2actions=NORMAL
   cookie=0x0,duration=1270.233s,table=0,n_packets=10,n_bytes=420,
priority
   =65534,arp actions=NORMAL
   cookie=0x0,duration=989s,table=0,n_packets=20,n_bytes=1960,
priority=0 actions
   =CONTROLLER:128
   cookie=0x5,duration=26.984s,table=0,n_packets=0,n_bytes=0,
priority=10,icmp,
   nw_src=10.0.0.2,nw_dst=10.0.0.3actions=CONTROLLER:128
   cookie=0x1,duration=591.578s,table=0,n_packets=0,n_bytes=0,
priority=1,icmp,
   nw_src=10.0.0.1,nw_dst=10.0.0.2actions=NORMAL
   cookie=0x6,duration=14.523s,table=0,n_packets=0,n_bytes=0,
priority=10,icmp,
   nw_src=10.0.0.3,nw_dst=10.0.0.2actions=CONTROLLER:128
   cookie=0x2,duration=564.793s,table=0,n_packets=0,n_bytes=0,
priority=1,icmp,
   nw_src=10.0.0.2,nw_dst=10.0.0.1actions=NORMAL
```

⑮ 确认规则。确认已经设定完成的规则。在 Node: c0(root)窗口中输入下列内容,如图 7-3-14 所示。

图 7-3-14　确认规则

```
root@ryu-vm:~#curl http://localhost:8080/firewall/
rules/0000000000000001
   [
   {
```

```
"access_control_list":[
{
    "rules":[
        {
        "priority":1,
        "dl_type":"IPv4",
        "nw_dst":"10.0.0.3",
        "nw_src":"10.0.0.2",
        "rule_id":3,
        "actions":"ALLOW"
        },
        {
            "priority":1,
            "dl_type":"IPv4",
            "nw_dst":"10.0.0.2",
            "nw_src":"10.0.0.3",
            "rule_id":4,
            "actions":"ALLOW"
        },
        {
        "priority":10,
        "dl_type":"IPv4",
        "nw_proto":"ICMP",
        "nw_dst":"10.0.0.3",
        "nw_src":"10.0.0.2",
        "rule_id":5,
        "actions":"DENY"
        },
    ]
    }
    ]
}
]
```

⑯ 设定完成。设定完成的规则图如图 7-3-15 所示。

⑰ 确认从 h1 向 h2 的联机状态。可以从 h1 向 h2 执行 Ping 指令,如果允许的规则有被正确设定的话,Ping 就可以正常连线。在 host: h1 窗口中输入 "ping 10.0.0.2" 命令,如图 7-3-16 所示。

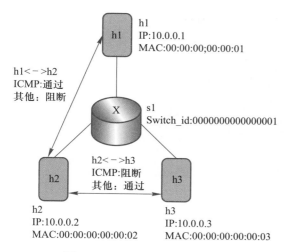

图 7-3-15　设定完成的规则图

图 7-3-16　从 h1 向 h2 联机

```
root@ryu-vm:~# ping 10.0.0.2
PING 10.0.0.2(10.0.0.2) 56(84) bytes of data.
64 bytes from 10.0.0.2: icmp_req=1 ttl=64 time=0.419ms
64 bytes from 10.0.0.2: icmp_req=2 ttl=64 time=0.047ms
...
```

⑱ 记录封包过程。从 h1 发送到 h2 非 Ping 的封包会被防火墙所阻挡。例如，从 h1 发送到 h2 的 wget 指令就会被阻挡下来并记录在记录档（log）中。在 host: h1 窗口中显示以下结果。由于防火墙只允许通过设定规则的数据通过，所以不符合规定的数据会被阻挡，如图 7-3-17 所示。

图 7-3-17　记录封包过程

```
root@ryu-vm:~# wget http://10.0.0.2
--2013-12-16 15:00:38-- http://10.0.0.2/
Connecting to 10.0.0.2:80... ^C
```

⑲ 显示封包记录。在 controller: c0（root）窗口中显示的结果如图 7-3-18 所示。

图 7-3-18　显示封包记录

```
[FW][INFO]dpid=0000000000000001:Blockedpacket=ethernet(dst
  ='00:00:00:00:00:02',ethertype=2048,src='00:00:00:00:00:01'),ipv4
(csum=4812,dst
  ='10.0.0.2',flags=2,header_length=5,identification=5102,offset=0,
option=None,proto
  =6,src='10.0.0.1',tos=0,total_length=60,ttl=64,version=4),tcp
(ack=0,bits=2,csum
  =45753,dst_port=80,offset=10,option='\x02\x04\x05\xb4\x04\x02\
x08\n\x00H:\x99\x00\
  x00\x00\x00\x01\x03\x03\t',seq=1021913463,src_port=42664,
urgent=0,window_size
  =14600)
  ...
```

⑳　显示连接状况。h2 和 h3 之间除了 Ping 以外的封包则允许被通过。例如,从 h2 向 h3 发送 ssh 指令,记录档(log)中并不会出现封包被阻挡的记录(如果 ssh 是发送到 h3 以外的地点,则 ssh 的连线将会失败)。在 host: h2 窗口中的显示如图 7-3-19 所示。

图 7-3-19　显示连接状况

㉑　显示连接状况(Ping)。从 h2 向 h3 发送 Ping 指令,封包将会被防火墙所阻挡并出现在记录档(log)中。在 host: h2 窗口中显示下面的结果。

```
root@ryu-vm:~# ping 10.0.0.3
PING 10.0.0.3 (10.0.0.3) 56(84)bytes of data.
^C
--- 10.0.0.3 ping statistics ---
8 packets transmitted, 0 received, 100% packet loss, time 7055ms
```

⑫ 显示封包记录（规则被阻挡出现在阻挡板上）。在 controller: c0（root）窗口中显示的结果如图 7-3-20 所示。

图 7-3-20　显示封包记录

㉓ 删除规则。删除 "rule_id: 5" 和 "rule_id: 6" 的规则。在 Node: c0（root）窗口中输入下面设定。

```
root@ryu-vm:~#curl -X DELETE -d '{"rule_id": "5"}' http://localhost:
8080/firewall/rules/0000000000000001
[
    {
        "switch_id":"0000000000000001",
        "command_result":[
        {
            "result":"success",
            "details":"Ruledeleted.:ruleID=5"
            }
        ]
    }
]
root@ryu-vm:~#curl-XDELETE-d'{"rule_id":"6"}'http://localhost:8080/
firewall/
rules/0000000000000001
[
    {
        "switch_id":"0000000000000001",
        "command_result":[
        {
            "result":"success",
```

```
            "details":"Ruledeleted.:ruleID=6"
        }
    ]
}
]
```

㉔ 删除规则示意图。删除规则 5 和规则 6 时,示意图显示如图 7-3-21 所示。

㉕ 验证连结状态。在 host: h2 窗口中输入 "ping 10.0.0.3",结果显示如图 7-3-22 所示。经实际确认,h2 和 h3 之间的 Ping(ICMP)阻挡连线的规则被删除后,Ping 指令现在可以被正常执行并进行通信。

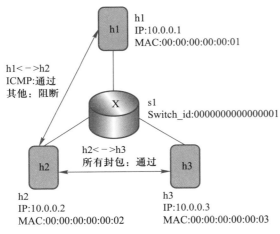

图 7-3-21　删除规则示意图　　　　　　　图 7-3-22　验证连结

7.4　多租户防火墙配置实验

继续前一个单租户防火墙实验,本节将讲解多租户防火墙的操作范例,该范例建立拓扑使用 VLan 对租户进行处理。在功能上与路由或是地址对交换机 s1 的新增或删除类似,同时,对每一个端口的连通进行验证。如图 7-4-1 所示的结构图,可以帮助用户理解多租户防火墙的概念,呈现了多租户不同于单租户的使用方式,使用交换机的 VLan 接口对多用户进行管理,所以,规则的添加更应谨慎。

① 单租户(Single tenant)配置方法。这里需要使用原本单租户的配置方法,在 Mininet 下进行环境构建,还需要多加一台 host。输入 "sudo mn --topo single,4 --mac --switch ovsk --controller remote -x" 命令来创建环境,如图 7-4-2 所示。

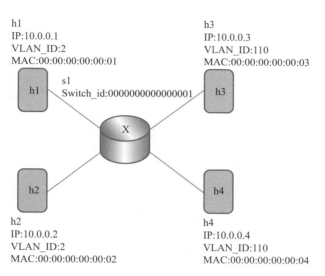

h1
IP:10.0.0.1
VLAN_ID:2
MAC:00:00:00:00:00:01

h3
IP:10.0.0.3
VLAN_ID:110
MAC:00:00:00:00:00:03

s1
Switch_id:0000000000000001

h2
IP:10.0.0.2
VLAN_ID:2
MAC:00:00:00:00:00:02

h4
IP:10.0.0.4
VLAN_ID:110
MAC:00:00:00:00:00:04

图 7-4-1　多租户防火墙配置图

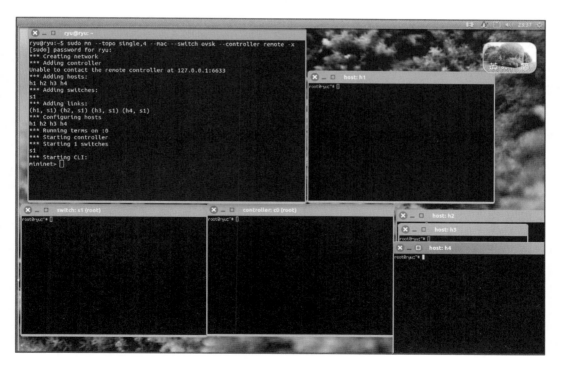

图 7-4-2　单租户配置

② 新开启 xterm 窗口。如图 7-4-3 所示,另外开启一个 xterm 作为控制控制器(Controller)的方法。对控制器的配置环境设定值为 remote,所以需要使用外部控制器来控制 OpenFlow。

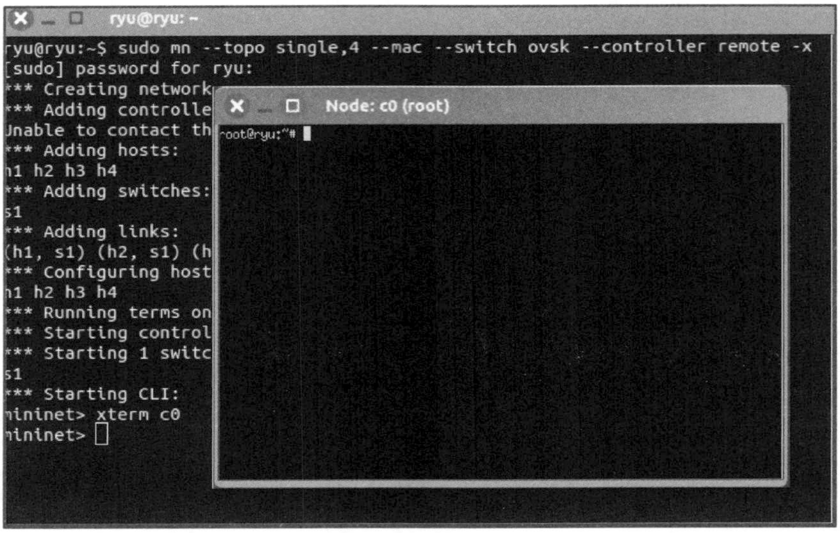

图 7-4-3　开启 xterm 窗口

③ 设定 VLan ID。需要对每一个 host 的界面设定 VLan ID,如 h1 host、h2 host、h3 host 和 h4 host。通过设置这 4 台 host 的 VLan ID,依次如图 7-4-4~图7-4-7 所示,可以分为 4 个步骤,分别为清除默认分配 ID;修改网卡的名称;添加 ID 到新网卡;启动 VLan 接口。

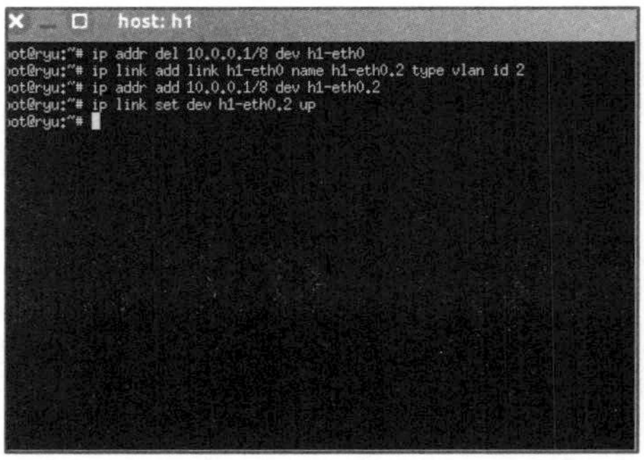

图 7-4-4　h1 设定 VLan ID　　　　　图 7-4-5　h2 设定 VLan ID

图 7-4-6 h3 设定 VLan ID

图 7-4-7 h4 设定 VLan ID

④ 设置 OpenFlow 版本。此步骤在 Switch: s1(root)窗口中进行操作,设定需要使用的 OpenFlow 版本为1.3,如图 7-4-8 所示。

⑤ 重启防火墙。从 Controller: c0(root) 窗口的 xterm 界面中重新启动防火墙,原因是系统需要在更新参数后不会自动更新,而以重启方式达到更新系统。Ryu 和交换机之间联机成功时,就会出现"[FW][INFO] switch_id=0000000000000001: Join as firewall"的信息,显示启动防火墙默认端口的号码是 8080,所以后续添加规则时,需要使用 http://localhost: 8080,如图 7-4-9 所示。

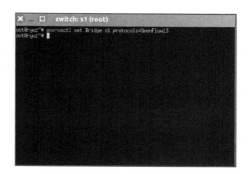

图 7-4-8 设置 OpenFlow 版本

⑥ 改变初始状态。在 Node: c0 (root)窗口中输入下面两个指令,则窗口内显示的结果如图 7-4-10 所示。

图 7-4-9 重启防火墙

图 7-4-10 改变初始状态

```
Node: c0 (root):
root@ryu-vm: ~# curl -X PUT http://localhost: 8080/firewall/module/
enable/0000000000000001
```

```
[
{
"switch_id":"0000000000000001",
"command_result": {
"result": "success",
"details": "firewall running."
    }
}
]
```

```
root@ryu-vm: ~# curl http://localhost: 8080/firewall/module/
status
    [
    {
        "status": "enable",
        "switch_id": "0000000000000001"
    }
    ]
```

⑦ 新增规则。新增允许使用 VLan_ID=2 向 10.0.0.0/8 发送 Ping 信息（ICMP 封包）的规则到交换机。这里的规则需要进行双向设定，设定规则参数要求如下。在 Node: c0（root）窗口中输入指令与其结果显示如图 7-4-11 所示。

图 7-4-11　新增规则

优先权	VLan ID	来源	目的	通信协议	联机状态	规则 ID
1	2	10.0.0.0/8	any	ICMP	通过	1
1	2	any	10.0.0.0/8	ICMP	通过	2

⑧ 规则确认。当添加双向规则后,若成功则代表该条线路能正常使用,如图 7-4-12 所示。

⑨ 确认连通状态。如图 7-4-13 所示,为了确认实际状况是否存在,在 VLan_ID = 2 的情况下,从 host: h1 发送的 ping 10.0.0.2 也在 VLan_ID=2 中,可以发现已经连通,因为刚才已经加入了规则。

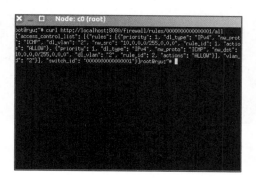

图 7-4-12　规则确认

图 7-4-13　连通状态

⑩ 检验 h3 和 h4。设定 VLan_ID=110 时,由于没有规则加入 h3 和 h4,所以 Ping 封包传送失败,如图 7-4-14 所示。

⑪ 查询记录文件。任何封包传送失败时都会被记录在记录文件(log)中,在 Controll: c0(root)窗口中显示的 log 档案如图 7-4-15 所示。

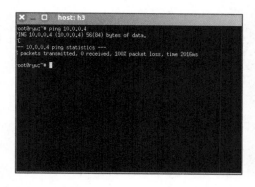

图 7-4-14　检验 h3 和 h4

图 7-4-15　查询记录文件

最后,对多租户而言,防火墙的添加管理规则很重要。从中可以看到,相对于单租户而言,针对数据规则的添加可以起到防火墙的作用;反之,对于多租户而言,可以通过 VLan 的管理来添加数据规则。

7.5　单租户路由器配置实验

路由器装置在网络中占有十分重要的地位,本节将针对路由器的操作提供范例,介绍如何建立拓扑、交换机(路由器)地址的新增或删除,以及确认各个 host 间的连线状况。具体的操作过程如下。

① 构建 Mininet 环境。首先在 Mininet 环境下输入 "mn" 命令和以下参数。

名称	设定值	说明
topo	linear,3	3 台交换机直接连结的网络拓扑
mac	无	自动设定各 host 的 MAC 地址
switch	ovsk	使用 OpenvSwitch
controller	remote	使用外部的 Controller 作为 OpenFlowcontroller
x	无	启动 xterm

② 建立拓扑结构。输入 "sudo mn - -topo　linear,3　- -mac　- -switch　ovsk - -controller remote　-x" 命令,执行的动作与拓扑结构图如图 7-5-1 所示。

图 7-5-1　建置 Mininet 环境

③ 开启窗口。开启控制器(Controller)所使用的 xterm,在 Mininet 下输入 "xtrem c0" 命令,打开 Node: c0(root)窗口。在配置环境时规定 controller 的设定值为 remote,需要使用外部的控制器来控制 OpenFlow,所以需要再次打开一个 xtrem 页面,以便操作控制器。如图 7-5-2 所示。

图 7-5-2　开启窗口

④ 设定 OpenFlow 版本。为了在配置信息上相同,设定交换机的 OpenFlow 版本为 1.3。在 Switch: s1(root)窗口中输入"ovs-vsctl set Bridge s1 protocols = OpenFlow13"命令。将 s1、s2 和 s3 统一设置 OpenFlow 的版本为 1.3,以防止在配置信息时出现版本差异的错误,如图 7-5-3 所示。

⑤ 设定 OpenFlow 版本。为了在配置信息上相同,设定交换机的 OpenFlow 版本为 1.3。在 Switch: s2(root)窗口中输入"ovs-vsctl set Bridge s2 protocols = OpenFlow13",如图 7-5-4 所示。

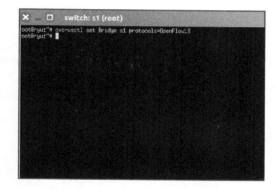

图 7-5-3　s1 设定 OpenFlow 版本

⑥ 设定 OpenFlow 版本。为了在配置信息上相同,设定交换机的 OpenFlow 版本为 1.3。在 Switch: s3(root)窗口中输入"ovs-vsctl set Bridge s3 protocols = OpenFlow13",如图 7-5-5 所示。

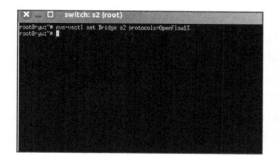

图 7-5-4　s2 设定 OpenFlow 版本

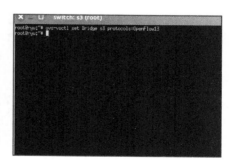

图 7-5-5　s3 设定 OpenFlow 版本

⑦ 新设 h1 的 IP 地址。需要在该 host 上删除原先自动配置的 IP 地址,并设定新的 IP 地址。在 host: h1 窗口中输入"ip addr del 10.0.0.1/8 dev h1-eth0"命令,然后输入"ip addr add 172.16.20.10/24 dev h1-eth0"命令。为了避免每台 host 的 IP 地址随意被变换,将每个 host 的 IP 设置为固定的静态地址,如图 7-5-6 所示。

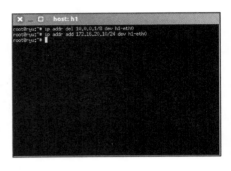

⑧ 新设 h2 的 IP 地址。需要在该 host 上删除原先自动配置的 IP 地址,并设定新的 IP 地址。在 host: h2 窗口中输入"ip addr del 10.0.0.2/8 dev h2-eth0"命令,然后输入"ip addr add 172.16.10.10/24 dev h2-eth0"命令,结果如图 7-5-7 所示。

图 7-5-6　新设 h1 的 IP 地址

⑨ 新设 h3 的 IP 地址。需要在该 host 上删除原先自动配置的 IP 地址,并设定新的 IP 地址。在 host: h3 窗口中输入"ip addr del 10.0.0.3/8 dev h3-eth0"命令,然后输入"ip addr add 192.168.30.10/24 dev h3-eth0"命令,结果如图 7-5-8 所示。

图 7-5-7　新设 h2 的 IP 地址　　　　　图 7-5-8　新设 h3 的 IP 地址

⑩ 启动路由器。在 Controller: c0(root)窗口中启动路由(rest_router)。输入"ryu-manager ryu.app.rest_router"命令,结果如图 7-5-9 所示。其中,要确定 Ryu 与 OpenFlow 的连接是否成功,当需要检查出现以下 log 信息时,即证明 Ryu 与 OpenFlow 之间连接成功。

⑪ 设定路由器 s1 上的 IP 地址。首先,需要设定交换机 s1 的 IP 地址为"172.16.20.1/24"和"172.16.30.30/24"。在 Node: c0(root)窗口中输入下面的内容,结果如图 7-5-10 所示。在添加 IP 地址时,规则的顺序是由系统所分配的,所以在后边的删除规则上,需要依照系统分配的序列号来删除,删除时需要看清规则的序列号。

⑫ 设定路由器 s2 上的 IP 地址。首先,需要设定交换机 s2 的 IP 地址为"172.16.10.1/24""172.16.30.1/24"和"192.168.10.1/24"。在 Node: c0(root)的窗口中显示的结果如图 7-5-11 所示。

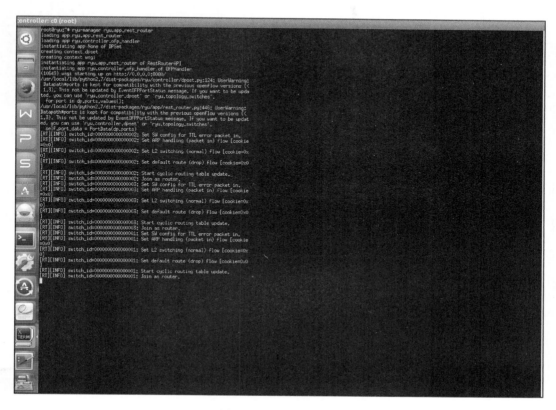

图 7-5-9　启动路由器

图 7-5-10　设定路由器 s1 上的 IP 地址

图 7-5-11　设定路由器 s2 上的 IP 地址

⑬ 设定路由器 s3 上的 IP 地址。首先,需要设定交换机 s3 的 IP 地址为"192.168.30.1/24"和"192.168.10.20/24"。在 Node: c0(root)窗口中显示的结果如图 7-5-12 所示。

⑭ 新增 h1 预设闸道。交换机的 IP 地址设置完成后,接着需要对 host: h1 新增预设的闸道。在 host: h1 窗口中输入"ip route add default via 172.16.20.1"命令,输出结果如图 7-5-13 所示。设置闸道的目的是为了使每台 host 能够进行互通,这样才能进行 Ping 测试。

图 7-5-12　设定路由器 s3 上的 IP 地址

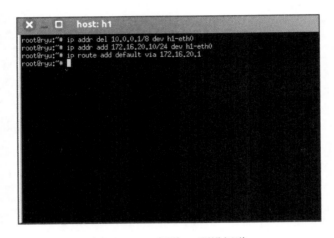

图 7-5-13　新增 h1 预设闸道

⑮ 新增 h2 预设闸道。交换机的 IP 地址设置完成后,接着需要对 host: h2 新增预设的闸道。在 host: h2 窗口中输入"ip route add default via 172.16.10.1"命令,输出结果如图 7-5-14 所示。

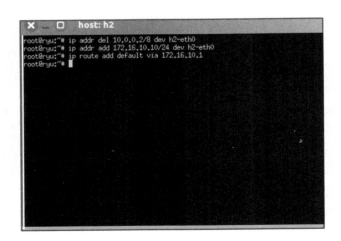

图 7-5-14　新增 h2 预设闸道

⑯ 新增 h3 预设闸道。交换机的 IP 地址设置完成后,接着需要对 host: h3 新增预设的闸道。在 host: h3 窗口中输入 "ip route add default via 192.168.30.1" 命令,输出结果如图 7-5-15 所示。

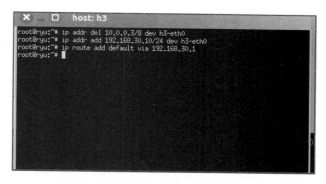

图 7-5-15　新增 h3 预设闸道

⑰ 设定 s1 预设路由。设定路由器 s1 的预设路由为路由器 s2。在 Node: c0(root) 窗口中输入命令,输入过程如图 7-5-16 所示。

图 7-5-16　设定 s1 预设路由

⑱ 设定 s2 预设路由。设定路由器 s2 的预设路由为路由器 s1。在 Node: c0(root) 窗口中输入命令,输入过程如图 7-5-17 所示。

图 7-5-17　设定 s2 预设路由

⑲ 设定 s3 预设路由。设定路由器 s3 的预设路由为路由器 s2。在 Node: c0（root）窗口中输入命令，输入过程如图 7-5-18 所示。

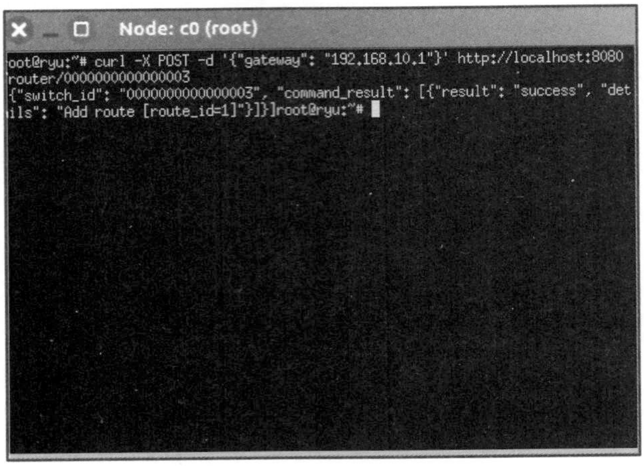

图 7-5-18　设定 s3 预设路由

⑳ 设定 s3 静态路由。为了让路由器 s2 成为路由器 S3 的预设路由器，设定路由器 s3 的静态路由为"192.168.30.0/24"。在 Node: c0（root）窗口中输入命令，输入过程如图 7-5-19 所示。这里添加的路由是双向的，可以将每条线路的连接比作一条马路，需要有往返的两条路，否则就会造成网络的不通畅。

图 7-5-19　设定 s3 静态路由

㉑ 确认每一个路由器的内容。在设定完成每个路由后，需要进行验证工作，所以，在 Node: c0（root）窗口中输入命令，图 7-5-20 显示了每个路由器的状态。在此，只对交换机 s1 的内容进行确定，若要对其他交换机的内容进行确定，就需要通过输入"curl http: //localhost: 8080/router/0000000000000002/3"命令来查看，如图 7-5-20 所示。

图 7-5-20　确认每一个路由器的内容

㉒ 确认整体结构图。在此,可以通过一张结构图呈现路由器的关系和内容,如图 7-5-21 所示。

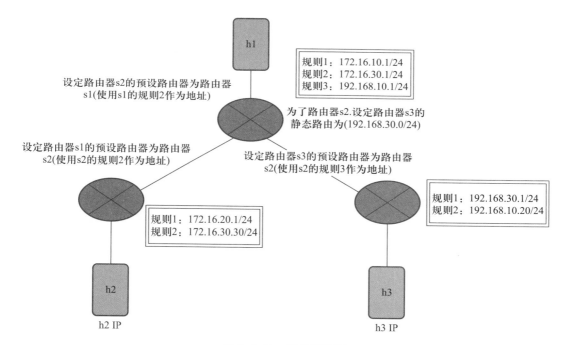

图 7-5-21　整体结构图

㉓ 确认 h2 到 h3 的连通状态。延续上述使用状态下,执行 Ping 命令确认相互间的连接状态。在 host: h2 窗口中从 h2 向 h3 执行 Ping 操作,确认两者之间的连通是否为正常状态,输入"ping 192.168.30.10"命令显示信息已通过。

㉔ 确认 h2 到 h1 的连通状态。延续上述使用状态下，执行 Ping 命令确认相互间的连接状态。在 host: h2 窗口中从 h2 向 h1 执行 Ping 操作，确认两者之间的连通是否为正常状态，输入"ping 172.16.20.10"命令显示信息已通过，结果显示如图 7-5-22 所示。

图 7-5-22　确认 h2 到 h1 连通

㉕ 删除 s3 静态路由。删除路由器 s2 上指向路由器 s3 的静态路由。在 Node: c0(root) 窗口中输入以下内容。

```
Node:c0(root):
root@ryu-vm:~#curl -X DELETE -d '{"route_id":"2"}' http://
localhost:8080/router
/0000000000000002
[
{
"switch_id":"0000000000000002",
"command_result":[
{
"result":"success",
"details": "Deleteroute[route_id=2]"
}
]
}
]
```

㉖ 确认路由器 s2 的设定。此时，通过图 7-5-23 可以看到原先指向路由器 s3 的静态路由已经被删除了。在 Node: c0(root) 窗口中输入并且显示下面内容。在此状态之下，使用 Ping 来确认连接状态。从 h2 向 h3 执行 Ping 操作，会发现无法通过连接测试，因为已经删除了路由的关系。

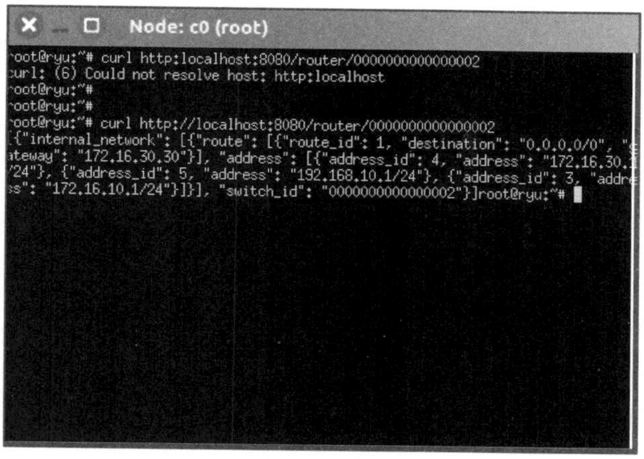

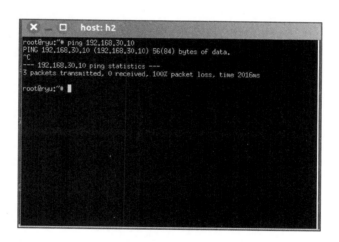

图 7-5-23　确认路由器 s2 的设定

㉗ 确认 h2 到 h1 的连通状态。执行 Ping 命令来确认相互间的连接状态,在 host: h2 窗口中从 h2 向 h1 执行 Ping 操作,确认两者之间的连通是否为正常状态,输入"ping 192.168.30.10"命令显示信息已通过,结果显示如图 7-5-24 所示。

图 7-5-24　确认 h2 到 h1 连通

㉘ 删除 IP 地址。删除已经设定在路由器 s1 上的 IP 地址"172.16.20.1/24",可以输入 Node: c0(root)窗口中的命令,结果如图 7-5-25 所示。

㉙ 确认路由器 s1 的设定状态。在 Node: c0(root)窗口中可以看到路由器 s1 中原先被设定的"172.16.20.1/24"已经被删除,结果如图 7-5-26 所示。

㉚ 确认 h2 到 h1 的连通状态。执行 Ping 命令确认相互间的连接状态,在 host: h2 窗口中从 h2 向 h1 执行 Ping 操作,确认两者之间的连通是否为正常状态,输入"ping 172.16.20.10"命令,可以发现 h1 的子网络相关设定及路由已经被删除关系,结果是无法连通的,显示如图 7-5-27 所示。

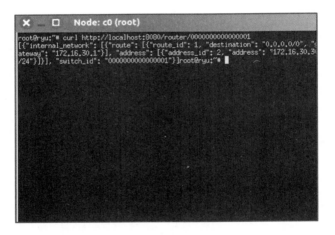

图 7-5-25　删除 IP 地址

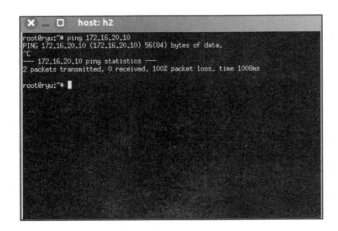

图 7-5-26　确认路由器 s1 的设定状态

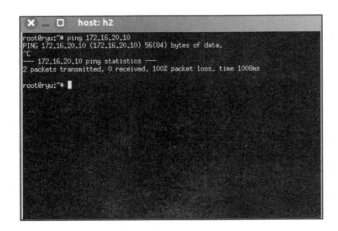

图 7-5-27　确认 h2 到 h1 连通

7.6 多租户路由器配置实验

本节的实验仍延续单租户路由器的实验,处理多租户路由器的状况。通过下面的步骤将建立一个网络拓扑,以 VLan 分割此网络拓扑给多用户使用。对各个交换机(路由器)的地址或路由器本身进行新增或删除,并且确认每一个 host 之间的连通状况。图 7-6-1 所示为多租户路由器配置图,通过它将有助于了解学习步骤。

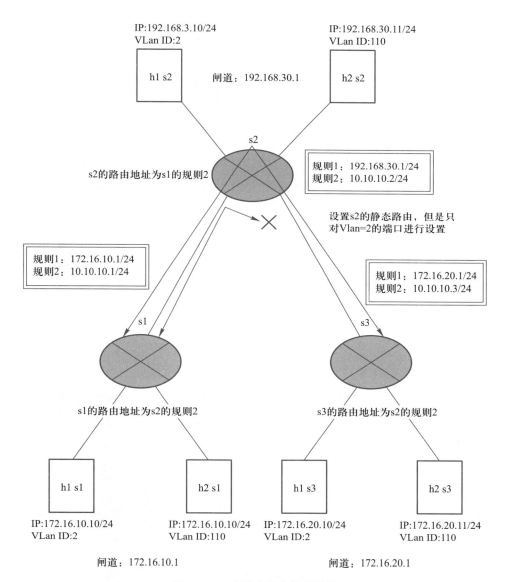

图 7-6-1 多租户路由器配置图

① 设置 Mininet 参数。首先在 Mininet 上进行环境设置。相关的 mn 命令参数如下。通过输入 "$ sudo mn --topo linear,3,2 --mac --switch ovsk --controller remote -x" 命令，创建一个拥有 3 台交换机和 2 台 host 的拓扑结构连接。从命令启动的返回结果中可以了解启动了几台交换机、host 机和每台拓扑结构的名称，如图 7-6-2 所示。

图 7-6-2　设置 Mininet 参数

参数	参数值	说明
Topo	Linear,3,2	3 台交换机直接连接的网络拓扑（每个交换机连接两台 host）
mac	无	自动设定每一个 host 的 MAC 地址
switch	ovsk	使用 Open vSwitch
controller	remote	使用外部的 OpenFlow Controller
X	无	启动 xterm

② 启动控制器的终端装置。在 Mininet 下输入"xterm c0"命令,因为在配置环境时规定控制器的设定值为 remote,需要使用外部控制器来控制 OpenFlow,因此需要单独建立一个 xterm 窗口,如图 7-6-3 所示。

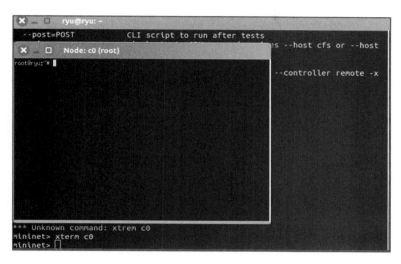

图 7-6-3 启动控制器的终端装置

③ 在 s1 内设定 OpenFlow 版本。然后,将每一台路由器所使用的 OpenFlow 版本都设定为 1.3,需要在 switch: s1(root)窗口中输入"ovs -vsctl set Bridge s1 protocols=OpenFlow13"命令。这部分与操作路由器单租户的概念相同,设置 OpenFlow 的版本统一为 1.3,以防止配置信息时由于版本差异而发生错误,如图 7-6-4 所示。

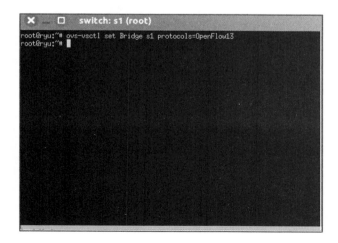

图 7-6-4 在 s1 内设定 OpenFlow 版本

④ 在 s2 内设定 OpenFlow 版本。然后,将每一台路由器所使用的 OpenFlow 版本都设定为 1.3,需要在 switch: s2(root)窗口中输入"ovs -vsctl set Bridge s2 protocols=OpenFlow13"命令,如图 7-6-5 所示。

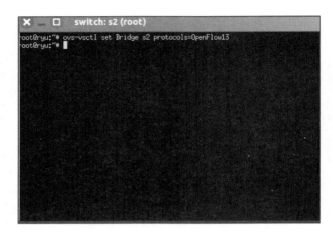

图 7-6-5　在 s2 内设定 OpenFlow 版本

⑤ 在 s3 内设定 OpenFlow 版本。然后,将每一台路由器所使用的 OpenFlow 版本都设定为 1.3,需要在 switch: s3(root)窗口中输入"ovs -vsctl set Bridge s3 protocols=OpenFlow13"命令,如图 7-6-6 所示。

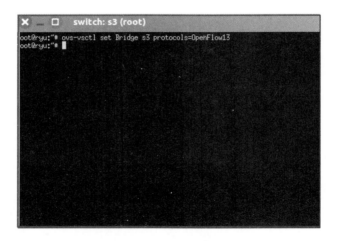

图 7-6-6　在 s3 内设定 OpenFlow 版本

⑥ 设定 h1s1 的 VLan 名称和 IP 地址。需要在 host: h1s1 窗口中输入下面的命令。相较于单租户,多租户在设置 VLan 口时,同一个交换机上会设置两个端口号码,以便进行分割管理,如图 7-6-7 所示。

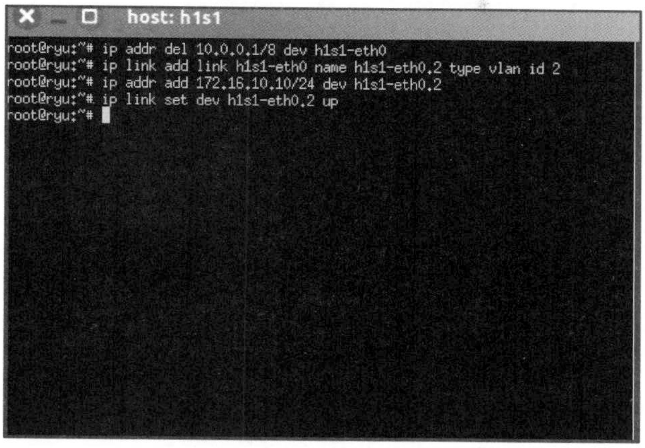

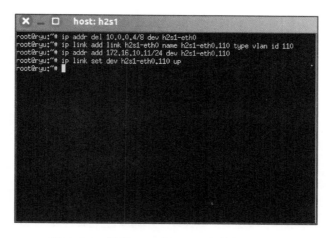

图 7-6-7　设定 h1s1 的 VLan 名称和 IP 地址

⑦ 设定 h2s1 的 VLan 名称和 IP 地址。需要在 host: h2s1 窗口中输入以下命令,如图 7-6-8 所示。

图 7-6-8　设定 h2s1 的 VLan 名称和 IP 地址

⑧ 设定 h1s2 的 VLan 名称和 IP 地址。需要在 host: h1s2 窗口中输入以下命令，如图 7-6-9 所示。

图 7-6-9　设定 h1s2 的 VLan 名称和 IP 地址

⑨ 设定 h2s2 的 VLan 名称和 IP 地址。需要在 host: h2s2 窗口中输入以下命令，如图 7-6-10 所示。

图 7-6-10　设定 h2s2 的 VLan 名称和 IP 地址

⑩ 设定 h1s3 的 VLan 名称和 IP 地址。需要在 host: h1s3 窗口中输入以下命令,如图 7-6-11 所示。

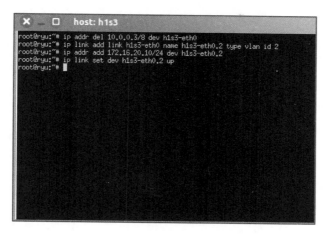

图 7-6-11　设定 h1s3 的 VLan 名称和 IP 地址

⑪ 设定 h2s3 的 VLan 名称和 IP 地址。需要在 host: h2s3 窗口中输入以下命令,如图 7-6-12 所示。

图 7-6-12　设定 h2s3 的 VLan 名称和 IP 地址

⑫ 启动 Rest_Router。在交换机的 Controller: c0（root）窗口的 xterm 上启动 rest_router。Ryu 和路由器的联结完成后将会出现以下信息，如图 7-6-13 所示。

图 7-6-13 启动 Rest_Router

⑬ 设置路由器 s1 的 IP 地址。在 Node: c0（root）窗口中设置路由器 s1 的 IP 地址为"172.16.20.1/24"和"10.10.10.1/24"，相关命令如图 7-6-14 所示。

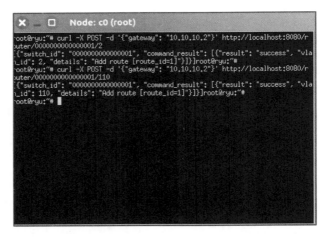

图 7-6-14 设置路由器 s1 的 IP 地址

⑭ 设置路由器 s2 的 IP 地址。在 Node: c0 (root) 窗口中设置路由器 s2 的 IP 的地址为 "192.168.30.1/24" 和 "10.10.10.2/24"，相关命令如图 7-6-15 所示。

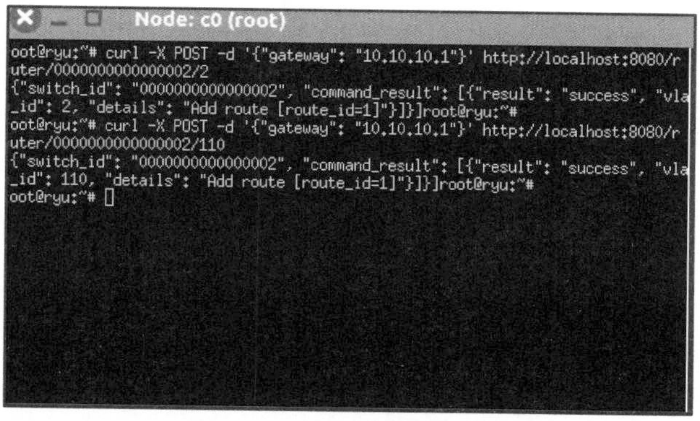

图 7-6-15　设置路由器 s2 的 IP 地址

⑮ 设置路由器 s3 的 IP 地址。在 Node: c0 (root) 窗口中设置路由器 s3 的 IP 的地址为 "172.16.20.1/24" 和 "10.10.10.3/24"。在设定规则时，不仅需要对其中一个端口进行设置，还需要对另一个端口进行地址设置，相关操作命令如图 7-6-16 所示。

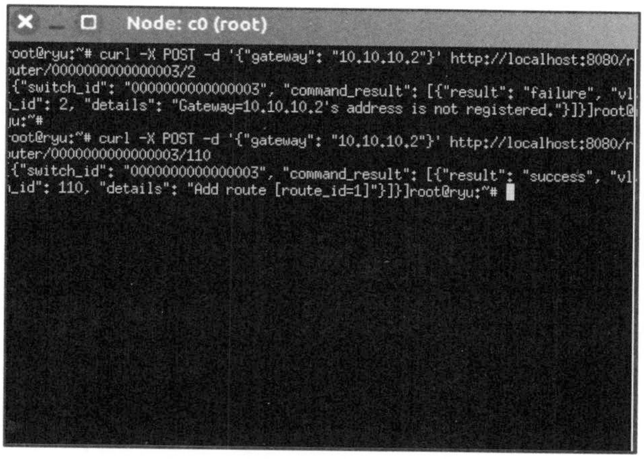

图 7-6-16　设置路由器 s3 的 IP 地址

⑯ 设置路由器 h1s1 的 IP 地址。在 host: h1s1 窗口中设置路由器 h1s1 的默认网关,输入"ip route add default via 172.16.10.1"命令,结果如图 7-6-17 所示。这里的网关是指通向外部的通道,称为闸道,代表数据的进出。

图 7-6-17　设置路由器 h1s1 的 IP 地址

⑰ 设置路由器 h2s1 的 IP 地址。在 host: h2s1 窗口中设置路由器 h2s1 的默认网关,输入"ip route add default via 172.16.10.1"命令,结果如图 7-6-18 所示。

图 7-6-18　设置路由器 h2s1 的 IP 地址

⑱ 设置路由器 h1s2 的 IP 地址。在 host: h1s2 窗口中设置路由器 h1s2 的默认网关，输入"ip route add default via 192.168.30.1"命令，相关命令与结果如图 7-6-19 所示。

图 7-6-19　设置路由器 h1s2 的 IP 地址

⑲ 设置路由器 h2s2 的 IP 地址。在 host: h2s2 窗口中设置路由器 h2s2 的默认网关，输入"ip route add default via 192.168.30.1"命令，相关命令与结果如图 7-6-20 所示。

图 7-6-20　设置路由器 h2s2 的 IP 地址

⑳ 设置路由器 h1s3 的 IP 地址。在 host: h1s3 窗口中设置路由器 h1s3 的默认网关,输入"ip route add default via 172.16.20.1"命令,相关命令与结果如图 7-6-21 所示。

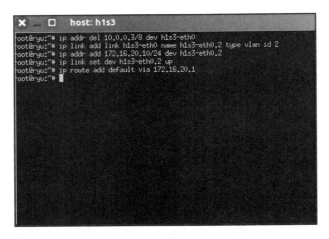

图 7-6-21　设置路由器 h1s3 的 IP 地址

㉑ 设置路由器 h2s3 的 IP 地址。在 host: h2s3 窗口中设置路由器 h2s3 的默认网关,输入"ip route add default via 172.16.20.1"命令,相关命令与结果如图 7-6-22 所示。

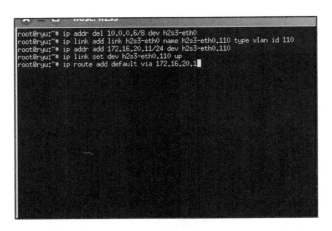

图 7-6-22　设置路由器 h2s3 的 IP 地址

㉒ 设定默认静态路由。在 Node: c0(root)窗口中设置路由器 s1 的预设路由为路由器 s2,相关命令如下。

```
Node: c0 (root):
root@ryu -vm:~# curl -X POST -d'{"gateway":"10.10.10.2"}'http://
localhost:8080/router/0000000000000001/2
  [
```

```
{
   "switch_id": "0000000000000001",
   "command_result ": [
   {
       "result ": "success",
       "vlan_id ": 2,
       "details ": "Add route [route_id =1]"
     }
   ]
   root@ryu -vm: ~# curl -X POST -d '{"gateway ": "10.10.10.2"} '
http: // localhost: 8080/router /0000000000000001/110
   {
 "switch_id ": "0000000000000001",
 "command_result ": [
 {
   "result ": "success",
   "vlan_id ": 110,
   "details ": "Add route [route_id =1]"
 }
   ]
 }
 }
]
```

㉓ 预设 s2 的路由器。在 Node: c0（root）窗口中设置路由器 s2 的预设路由为路由器 s1，相关命令如下。

```
Node: c0 (root):
root@ryu -vm: ~# curl -X POST -d '{"gateway ": "10.10.10.1"} '
http: // localhost: 8080/
router /0000000000000002/2
   [
   {
   "switch_id ": "0000000000000002",
   "command_result ": [
   {
   "result ": "success",
   "vlan_id ": 2,
   "details ": "Add route [route_id =1]"
```

```
    }
    ]
    }
    ]
    root@ryu -vm: ~# curl -X POST -d '{"gateway ": "10.10.10.1"} '
http: // localhost: 8080/
    router /0000000000000002/110
    [
    {
    "switch_id ": "0000000000000002",
    "command_result ": [
    {
    "result ": "success",
    "vlan_id ": 110,
    "details ": "Add route [route_id =1]"
    }
    ]
    }
]
```

㉔ 预设 s3 的路由器。在 Node: c0 (root) 窗口中设置路由器 s3 的预设路由为路由器 s2。相关命令如下,结果如图 7–6–23 所示。

图 7–6–23　预设 s3 的路由器

```
Node: c0 (root):
root@ryu -vm: ~# curl -X POST -d '{"gateway ": "10.10.10.2"}' http:
// localhost: 8080/
router /0000000000000003/2
[
"switch_id ": "0000000000000003",
"command_result ": [
{
"result ": "success",
"vlan_id ": 2,
"details ": "Add route [route_id =1]"
}
root@ryu -vm: ~# curl -X POST -d '{"gateway ": "10.10.10.2"} '
http: // localhost: 8080/
router /0000000000000003/110
[
"switch_id ": "0000000000000003",
"command_result ": [
{
"result ": "success",
"vlan_id ": 110,
"details ": "Add route [route_id =1]"
}
]
]
]
]
```

㉕ 设定静态路由。在 Node: c0 (root) 窗口中,将路由器 s3 的静态路由指向 host (172.16.20.0/24),并且是在 VLan ID=2 的情况下,相关命令与结果如图 7–6–24 所示。

㉖ 确认路由内容。在 Node: c0 (root) 窗口中输入相关命令,显示结果如图 7–6–25 所示。在添加规则和确定规则时需要注意,一旦规则设定失败,就不能测试通过。

㉗ h1s1 与 h1s3 的通信。需要从 h1s1 向 h1s3 发送 Ping 命令才能确认通信状态。所以,需要在 host: h1s1 窗口中输入“ping 172.16.20.10”命令。由于处于相同的 vlan_id=2 与相同的 host,并且已经设置指向 s3 的静态路由在 s2 上,所以应该是可以正常联机的。

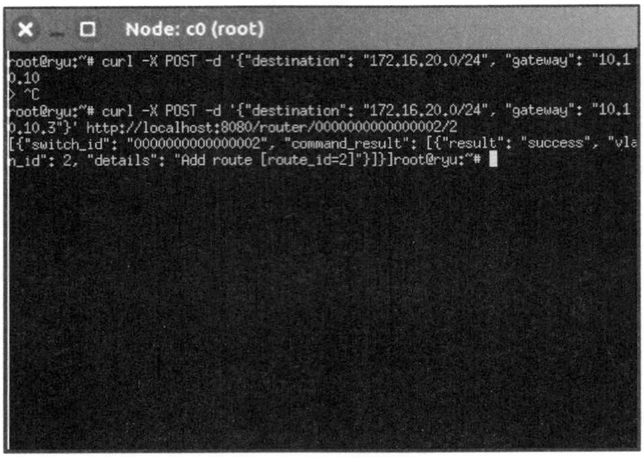

图 7-6-24　设定静态路由

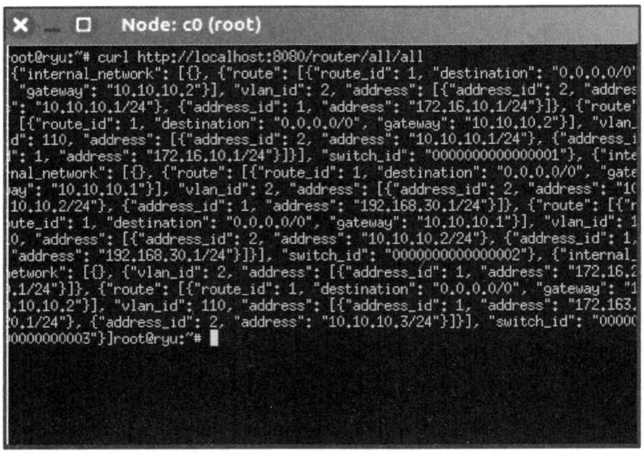

图 7-6-25　确认路由内容

```
host: h1s1:
root@ryu -vm: ~# ping 172.16.20.10
PING 172.16.20.10 (172.16.20.10) 56(84) bytes of data.
64 bytes from 172.16.20.10: icmp_req =1 ttl =61 time =45.9 ms
64 bytes from 172.16.20.10: icmp_req =2 ttl =61 time =0.257 ms
64 bytes from 172.16.20.10: icmp_req =3 ttl =61 time =0.059 ms
64 bytes from 172.16.20.10: icmp_req =4 ttl =61 time =0.182 ms
```

㉘ h2s1 与 h2s3 的通信。需要从 h2s1 向 h2s3 发送 Ping 命令才能确认通信状态。所以，需要在 host: h2s1 窗口中输入 "ping 172.16.20.11" 命令,显示结果如图 7-6-26 所示。此时会发生信息遗失的问题,原因是尽管处于相同的 vlan_id = 110 的 host,但是路由器 s2 上并没有设置指向路由器 s3 的静态路由,因此无法成功联机。此外,输入 "# curl -X DELETE -d '{"address_id":"1"}' http: //localhost: 8080/router/0000000000000001" 命令,可以删除规则,以便灵活修改规则序号。这时,需要注意区分地址、网关和交换机的 MAC 地址。

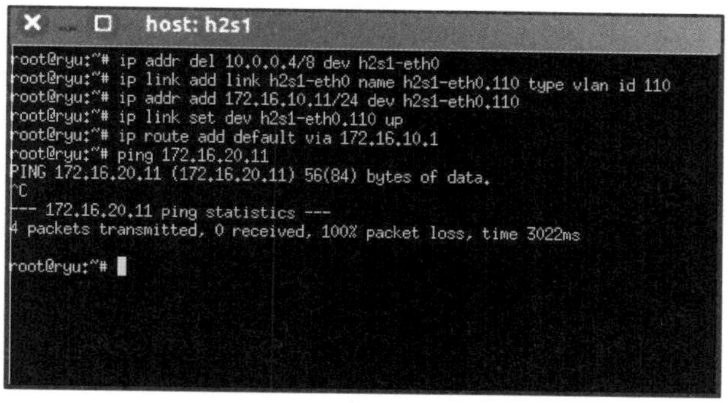

图 7-6-26 h2s1 与 h2s3 的通信

本章练习

一、实战题

1. 请以 Vi 编辑器建立脚本（Shell Script）范例（helloworld）并运行完成。

2. 请以 Vi 编辑器建立 C 程序语言范例（1st.c）并使用 Gcc 编译,最后,显示结果。

二、简答题

1. 用 Vi 开启某个档案后,要在第 34 列向右移动 15 个字符,应该在一般指令模式中下达什么指令?

2. 在 Vi 开启的档案中,如何去到该档案的页首或页尾?

3. 在 Vi 开启的档案中,如何在光标所在列中移动到行头及行尾?

4. 在 Vi 的一般指令模式情况下,按下【r】键有什么功能?

5. 在 Vi 环境中,如何将目前正在编辑的档案另存为一个名为 newfilename 的档案?

6. 在 Linux 下最常使用的文书编辑器为 Vi,请问如何进入编辑模式?

7. 在 Vi 软件中,如何由编辑模式跳回一般指令模式?

8. 在 Vi 环境中,当上下左右键均无法使用时,请问如何在一般指令模式中移动光标?

9. 在 Vi 的一般指令模式中,如何删除一列、n 列;如何删除一个字符?

10. 在 Vi 的一般指令模式中,如何复制一列、n 列并进行粘贴?

11. 在 Vi 的一般指令模式中,如何搜寻 string 这个字符串?

12. 在 Vi 的一般指令模式中,如何取代 word1 成为 word2,而若需要使用者确认机制,又该如何?

13. 在 Vi 目前的编辑档案中,在一般指令模式下,如何读取一个档案 filename 进入目前这个档案?

14. 在 Vi 的一般指令模式中,如何存盘、离开、存档后离开及强制存档后离开?

▌▌▌ 附录

OVS 命令

```
ovs-vsctl show
ovs-ofctl show br0
ovs-ofctl dump-ports br0
ovs-ofctl dump-flows br0
ovs-vsctl list-ports br0
ovs-vsctl list-ifaces br0
ovs-vsctl list-br
ovs-ofctl snoop br0
ovs-vsctl del-br br0
ovs-vsctl add-br br0 -- set bridge br0 datapath_type=pica8
ovs-vsctl set-controller br0 tcp: 172.16.1.240: 6633
ovs-vsctl del-controller br0
ovs-vsctl set Bridge br0 stp_enable=true
ovs-vsctl del-port br0 ge-1/1/1
ovs-ofctl del-flows br0
ovs-vsctl add-port br0 ge-1/1/1 -- set interface ge-1/1/1 type=pica8
ovs-vsctl add-br br0 -- set bridge br0 datapath_type=pica8
ovs-vsctl set Bridge br0 stp_enable=true
ovs-vsctl add-port br0 ge-1/1/1 -- set interface ge-1/1/1 type=pica8
ovs-vsctl add-port br0 ge-1/1/2 -- set interface ge-1/1/2 type=pica8
ovs-vsctl add-port br0 ge-1/1/3 -- set interface ge-1/1/3 type=pica8
ovs-vsctl add-port br0 ge-1/1/4 -- set interface ge-1/1/4 type=pica8
ovs-vsctl add-port br0 ge-1/1/1 type=pronto options: link_speed=1G
ovs-ofctl add-flow br0 in_port=1,actions=output: 2
ovs-ofctl mod-flows br0
in_port=1,dl_type=0x0800,nw_src=100.10.0.1,actions=output: 2
ovs-ofctl add-flow br0 in_port=1,actions=output: 2,3,4
ovs-ofctl add-flow br0 in_port=1,actions=output: 4
ovs-ofctl del-flows br0
```

```
ovs-ofctl mod-port br0 1 no-flood
ovs-ofctl add-flow br0
in_port=1,dl_type=0x0800,nw_src=192.168.1.241,actions=output: 3
in_port=4,dl_type=0x0800,dl_src=60: eb: 69: d2: 9c: dd,nw_
src=198.168.1.2,
nw_dst=124.12.123.55,actions=output: 1
ovs-ofctl del-flows br0 in_port=1
```

▌▌▌ 参考文献

［1］SDN 实验指导书,2015

［2］https: //en.wikipedia.org/wiki/OpenFlow OpenFlow

［3］http: //ccr.sigcomm.org/online/files/p69-v38n2n-mckeown.pdf OpenFlow: Enabling Innovation in Campus Networks（McKeown）

［4］http: //ryu.readthedocs.io/en/latest/ Welcome to RYU the Network Operating System（NOS）

［5］https: //osrg.github.io/ryu-book/zh_tw/html/packet_lib.html 封包函式库

［6］https: //osrg.github.io/ryu-book/zh_tw/html/ofproto_lib.html ofproto 函式库

［7］https: //www.opendaylight.org/use-cases/ 应用实例

［8］https: //www.opendaylight.org/cloud-and-nfv 云和网络功能虚拟化用例

［9］https: //www.opendaylight.org/network-resource-optimization 优化网络资源的用例

［10］https: //www.opendaylight.org/visibility-control 可见性和控制使用案例

［11］https: //www.opendaylight.org/research-ed-government 科研、教育和政府用例